物质文明系列

蚕桑丝绸史话

A Brief History of Silk Cuture in China

刘克祥 / 著

社会科学文献出版社
SOCIAL SCIENCES ACADEMIC PRESS (CHINA)

图书在版编目（CIP）数据

蚕桑丝绸史话/刘克祥著.—北京：社会科学文献出版社，2011.7（2014.8重印）
（中国史话）
ISBN 978-7-5097-2456-9

Ⅰ.①蚕… Ⅱ.①刘… Ⅲ.①蚕桑生产-农业史-中国-古代 ②丝绸工业-工业史-中国-古代 Ⅳ.①S88-092 ②F426.81

中国版本图书馆 CIP 数据核字（2011）第 111433 号

"十二五"国家重点出版规划项目

中国史话·物质文明系列

蚕桑丝绸史话

著　　者 / 刘克祥

出　版　人 / 谢寿光
出　版　者 / 社会科学文献出版社
地　　址 / 北京市西城区北三环中路甲29号院3号楼华龙大厦
邮政编码 / 100029

责任部门 / 人文分社（010）59367215
电子信箱 / renwen@ ssap.cn
责任编辑 / 陈桂筠
责任校对 / 张立生
责任印制 / 岳　阳

经　　销 / 社会科学文献出版社市场营销中心
　　　　　（010）59367081　59367089
读者服务 / 读者服务中心（010）59367028

印　　装 / 北京画中画印刷有限公司
开　　本 / 889mm×1194mm　1/32　印张 / 6.75
版　　次 / 2011年7月第1版　字数 / 124千字
印　　次 / 2014年8月第2次印刷
书　　号 / ISBN 978-7-5097-2456-9
定　　价 / 15.00元

本书如有破损、缺页、装订错误，请与本社读者服务中心联系更换
▲ 版权所有　翻印必究

《中国史话》编辑委员会

主　　任　陈奎元

副主任　武　寅

委　　员　（以姓氏笔画为序）

　　　　　卜宪群　王　巍　刘庆柱

　　　　　步　平　张顺洪　张海鹏

　　　　　陈祖武　陈高华　林甘泉

　　　　　耿云志　廖学盛

总　序

　　中国是一个有着悠久文化历史的古老国度，从传说中的三皇五帝到中华人民共和国的建立，生活在这片土地上的人们从来都没有停止过探寻、创造的脚步。长沙马王堆出土的轻若烟雾、薄如蝉翼的素纱衣向世人昭示着古人在丝绸纺织、制作方面所达到的高度；敦煌莫高窟近五百个洞窟中的两千多尊彩塑雕像和大量的彩绘壁画又向世人显示了古人在雕塑和绘画方面所取得的成绩；还有青铜器、唐三彩、园林建筑、宫殿建筑，以及书法、诗歌、茶道、中医等物质与非物质文化遗产，它们无不向世人展示了中华五千年文化的灿烂与辉煌，展示了中国这一古老国度的魅力与绚烂。这是一份宝贵的遗产，值得我们每一位炎黄子孙珍视。

　　历史不会永远眷顾任何一个民族或一个国家，当世界进入近代之时，曾经一千多年雄踞世界发展高峰的古老中国，从巅峰跌落。1840年鸦片战争的炮声打破了清帝国"天朝上国"的迷梦，从此中国沦为被列强宰割的羔羊。一个个不平等条约的签订，不仅使中国大量的白银外流,更使中国的领土一步步被列强侵占,国库亏空,民不聊生。东方古国曾经拥有的辉煌,也随着西方列强坚船利炮的轰击而烟消云散,中国一步步堕入了半殖民地的深渊。不甘屈服的中国人民也由此开始了救国救民、富国图强的抗争之路。从洋务运动到维新变法,从太平天国到辛亥革命,从五四运动到中国共产党领导的新民主主义革命,中国人民屡败屡战,终于认识到了"只有社会主义才能救中国,只有社会主义才能发展中国"这一道理。中国共产党领导中国人民推倒三座大山,建立了新中国,从此饱受屈辱与蹂躏的中国人民站起来了。古老的中国焕发出新的生机与活力,摆脱了任人宰割与欺侮的历史,屹立于世界民族之林。每一位中华儿女应当了解中华民族数千年的文明史,也应当牢记鸦片战争以来一百多年民族屈辱的历史。

当我们步入全球化大潮的 21 世纪,信息技术革命迅猛发展,地区之间的交流壁垒被互联网之类的新兴交流工具所打破,世界的多元性展示在世人面前。世界上任何一个区域都不可避免地存在着两种以上文化的交汇与碰撞,但不可否认的是,近些年来,随着市场经济的大潮,西方文化扑面而来,有些人唯西方为时尚,把民族的传统丢在一边。大批年轻人甚至比西方人还热衷于圣诞节、情人节与洋快餐,对我国各民族的重大节日以及中国历史的基本知识却茫然无知,这是中华民族实现复兴大业中的重大忧患。

中国之所以为中国,中华民族之所以历数千年而不分离，根基就在于五千年来一脉相传的中华文明。如果丢弃了千百年来一脉相承的文化，任凭外来文化随意浸染，很难设想13亿中国人到哪里去寻找民族向心力和凝聚力。在推进社会主义现代化、实现民族复兴的伟大事业中，大力弘扬优秀的中华民族文化和民族精神，弘扬中华文化的爱国主义传统和民族自尊意识，在建设中国特色社会主义的进程中，构建具有中国特色的文化价值体系，光大中华民族的优秀传统文化是一件任重而道远的事业。

当前，我国进入了经济体制深刻变革、社会结构深刻变动、利益格局深刻调整、思想观念深刻变化的新的历史时期。面对新的历史任务和来自各方的新挑战，全党和全国人民都需要学习和把握社会主义核心价值体系，进一步形成全社会共同的理想信念和道德规范，打牢全党全国各族人民团结奋斗的思想道德基础，形成全民族奋发向上的精神力量，这是我们建设社会主义和谐社会的思想保证。中国社会科学院作为国家社会科学研究的机构，有责任为此作出贡献。我们在编写出版《中华文明史话》与《百年中国史话》的基础上，组织院内外各研究领域的专家，融合近年来的最新研究，编辑出版大型历史知识系列丛书——《中国史话》，其目的就在于为广大人民群众尤其是青少年提供一套较为完整、准确地介绍中国历史和传统文化的普及类系列丛书，从而使生活在信息时代的人们尤其是青少年能够了解自己祖先的历史，在东西南北文化的交流中由知己到知彼，善于取人之长补己之短，在中国与世界各国愈来愈深的文化交融中，保持自己的本色与特色，将中华民族自强不息、厚德载物的精神永远发扬下去。

《中国史话》系列丛书首批计200种，每种10万字左右，主要从政治、经济、文化、军事、哲学、艺术、科技、饮食、服饰、交通、建筑等各个方面介绍了从古至今数千年来中华文明发展和变迁的历史。这些历史不仅展现了中华五千年文化的辉煌，展现了先民的智慧与创造精神，而且展现了中国人民的不屈与抗争精神。我们衷心地希望这套普及历史知识的丛书对广大人民群众进一步了解中华民族的优秀文化传统，增强民族自尊心和自豪感发挥应有的作用，鼓舞广大人民群众特别是新一代的劳动者和建设者在建设中国特色社会主义的道路上不断阔步前进，为我们祖国美好的未来贡献更大的力量。

陈奎元

2011年4月

⊙刘克祥

作者小传

　　刘克祥，1938年7月生，湖南省娄底市人，1962年武汉大学历史系本科毕业，1965年同校中国近代经济史专业研究生毕业。中国社会科学院经济研究所研究员，中国社会科学院研究生院教授、博士生导师，长期从事中国经济史研究，主攻清代和近代农业生产和农村经济问题，旁及财政、金融和商业、市场，1998年退休后亦未中辍。发表论著主要有：《中国近代经济史，1840—1894》（合著）、《中国近代经济史，1895—1927》（合著）、《中国近代经济史，1927—1937》（合著，主编）、《中国近代经济史简编》（合著）、《简明中国经济史》、《清代简史》（合著）、《清代全史》（合著，第10卷主编）、《中国商业通史》（合著）、《棉麻纺织史话》以及专题论文数十篇。

目 录

引 言 …………………………………………………… 1

一 蚕桑丝绸的起源 ………………………………… 3
  1. 关于蚕桑丝绸起源的神话和传说 ……………… 3
  2. 从考古文物看蚕桑丝绸的起源 ………………… 6

二 商周时期蚕桑丝绸生产的普遍兴起 …………… 11
  1. 和农业并重的蚕桑生产 ………………………… 11
  2. 迅速发展的丝织业 ……………………………… 17
  3. 不断进步的丝织技术和丝织工具 ……………… 22
  4. 多种多样的丝织产品 …………………………… 27
  5. 丝绸的练染工艺 ………………………………… 31

三 战国秦汉时期的蚕桑丝织业 …………………… 37
  1. 受到高度重视的蚕桑生产 ……………………… 38
  2. 蓬勃发展的丝织手工业 ………………………… 43
  3. 精湛的技术，精美的产品 ……………………… 46
  4. 练漂印染工艺及其发展 ………………………… 56
  5. 丝织品外输和"丝绸之路" …………………… 61

1

四　三国至隋唐五代的蚕桑丝织业 …………………… 67
　1. 蚕桑生产及其技术进步 ………………………… 68
　2. 官府和民间的丝织生产 ………………………… 73
　3. 丝绸的产地和品种 ……………………………… 79
　4. 缂织和印染技术的进步 ………………………… 88
　5. 丝绸的贸易和传播 ……………………………… 93

五　宋元明清时期的蚕桑丝织业 …………………… 98
　1. 蚕桑生产的南盛北衰 …………………………… 99
　2. 从"野蚕结茧"到柞蚕业的兴起 ……………… 108
　3. 官府和民间丝织生产 …………………………… 116
　4. 主要丝织品种及其产地 ………………………… 122
　5. 丝织印染技术的新发展 ………………………… 129
　6. 丝织业中资本主义萌芽的产生 ………………… 136

六　近代蚕桑丝织业的发展变化 …………………… 143
　1. 蚕桑生产的继续推广和技术进步 ……………… 144
　2. 手工缫丝业的短暂发展和机器
　　　缫丝业的兴起 ………………………………… 151
　3. 丝织业的兴衰和技术变革 ……………………… 160
　4. 丝绸印染和机器印染业的兴起 ………………… 170
　5. 蚕桑丝织业的空前浩劫和全面崩溃 …………… 174
　6. 丝绸产品和丝绸贸易 …………………………… 181

参考书目 ……………………………………………… 190

引 言

中国是蚕桑丝织业的发祥地,是丝绸的祖国。早在远古时代,我们的祖先就利用野蚕茧抽丝织绸;以后又将野蚕驯化为家蚕,野桑培育成家桑,开创了植桑养蚕业。绚丽多彩的中国丝绸,不仅是举世公认最华贵的服饰材料,而且是文化艺术的珍品,是古老灿烂的中华文明的一个重要组成部分。

中华民族有许多重大发明创造,对全人类的文明进步作出了伟大贡献,而植桑养蚕和缫丝织绸,是最早和最伟大的发明之一。丝绸彩缎不仅丰富了人们的服饰材料,美化了人们的生活,而且充当了中国同周边邻邦和西方国家早期交往的文明使者。举世无双的"丝绸之路",是古代横贯亚欧大陆的中西交通大动脉,至今为亚欧各国人民所神往和赞颂。丝绸贸易对古代商业、交通和文化交流,乃至对古代中西各国的经济、政治、文化发展,都发生了极其深刻的影响。

蚕丝业发轫于中国,传播及世界,各国的植桑养蚕业都直接或间接传自中国。传播路线大致有四条:东北方经朝鲜传入日本,西方经新疆传入希腊、意大利等国，西南方经西藏传入波斯、土耳其、印度等西亚南亚各国，北方经蒙古、东北传入俄国。

我们的祖先在长期的生产实践中，在植桑、养蚕、缫丝、织绸、印染等方面，尤其是织造技术、花样设计、纹饰工艺等方面，都取得了辉煌成就。有些绫罗锦缎，无论图案设计和织造工艺都独具匠心，精巧异常，堪称稀世珍宝。直到清代中叶，中国的蚕桑丝织生产，在世界各国始终居领先地位。但是，到19世纪下半叶，法国、意大利、日本等国相继完成产业革命，用科学方法制种养蚕，用机器缫丝织绸，使生丝和丝织品的产量、质量大幅度提高。从此，我国蚕桑丝织业的传统优势开始消失，尤其是生丝出口，遇到了日本丝强有力的竞争和冲击。到20世纪20年代，我国"丝绸王国"的地位已为日本所取代。日本侵华战争期间，中国的蚕桑丝织业更遭到空前浩劫。据极不完全的统计，被毁桑园达754万亩，被毁桑树19.94亿株；养蚕、制种和制丝设备的损失，折合战前法币3亿元，生丝产量下降达200余万担；被焚毁、掠夺的生丝和各种绫罗绸缎成品，更是无法统计。日本投降后，由于蒋介石国民党发动反革命内战，蚕桑丝织业又一次遭到破坏。桑园荒芜，工厂倒闭，蚕农破产，工人失业，蚕桑丝绸业奄奄一息。

1949年新中国成立后，我国蚕桑丝绸业从此获得新生，蚕桑、丝绸生产迅速恢复和发展，产量成倍增长，生丝质量大幅度提高，绸缎花色品种不断增多，中国又以"丝绸王国"的雄姿屹立于世界的东方。

一　蚕桑丝绸的起源

中华民族的发祥地黄河流域，远古时代的气候比现在温暖和湿润。在黄河流域和长江流域地区，到处生长着中国特有的野桑和以野桑叶为食料的野蚕。大约在五六千年前，我们的祖先就开始利用野蚕茧抽丝，织造最原始的绢帛。以后又把野蚕驯化，并进行户内喂养，将野蚕驯养为家蚕，结茧缫（音 sāo）丝织绸，由此出现了原始的蚕桑丝绸生产。虽然当时没有文字记载，无法得知原始蚕桑丝绸业产生的准确年代和具体情况，但还是可以通过历史传说和考古发掘资料，推断当时的一些大致情况。

1 关于蚕桑丝绸起源的神话和传说

在我国古籍中，关于蚕桑丝绸起源的神话和传说很多。

神话有"蚕神献丝"、"天神化蚕"、"公主结茧"等。"蚕神献丝"说的是有一回黄帝率领本部族的人打败了九黎蚩尤族，正在开会庆功时，突然，一位美丽的姑娘身披马皮，从天而降，手里捧着两束丝，一束黄得像金子，一束白得像银子，前来献给黄帝。这个献丝姑娘就是"蚕神"。黄帝从未见过这样珍贵的东西，赞叹不已，忙叫人把它织成绢帛。这就是绢帛的最早来历。"天神化蚕"是说有个叫"元始天尊"的天神，看见凡人没有衣被御寒，十分可怜，于是化为"马鸣王菩萨"，而外形变成蚕儿，并让它的女儿托生人间，成为黄帝的元妃，教人养蚕。"公主结茧"的神话则是说，古代有一个公主爱上了一个富家公子，后来公子突然失踪，公主骑着马四处寻觅，但始终没有找着。她伤心已极，不想再回皇宫，就在桑树上栖息，久而久之，竟结一大茧，于是有了蚕，这个神话广泛流传于浙江嵊县等地。

这些神话是在社会生产力和科学文化极不发达的情况下，对蚕桑丝绸起源所作的一种主观臆断。说蚕是由某个"神"或人变的，当然是无稽之谈，不足为信。但是，神或人变成蚕后，是要人来饲养的。那么，最早养蚕的人是谁呢？也就是说，养蚕起源于何时？这个问题就值得重视了。

上面"蚕神献丝"和"天神化蚕"两个神话，都把养蚕的创始人说成是黄帝及其妻子。"蚕神献丝"说黄帝叫人将丝织成绢帛后，看见绢同云彩和流水一样轻柔、美丽，就由元妃嫘（音léi）祖亲自养蚕，并把养蚕方法传授给人民，于是养蚕业就被推广开来。"天神化蚕"也是说养蚕始于黄帝元妃，所不同的是，元妃不是凡胎，而是神胎托生于凡间。无论蚕和元妃是怎样来的，但养蚕起源于黄帝和元妃是一致的。

关于蚕桑丝绸起源的传说更多，而且大都载于史籍，但内容和起源的时间以及创始人则各不相同。有的说起源于伏羲氏，说太昊伏羲氏用蚕丝织成丧服用的繐（音suì，丧服用的稀疏细布）帛，并用桑木做琴，蚕丝做弦；有的说起源于炎帝神农氏，说炎帝修地理，教民桑麻，以为布帛；更多地说起源于黄帝及其妻子。《周易·系辞下》有"黄帝垂衣裳而治"的记载。司马迁的《史记》把蚕桑丝绸的发明权归于黄帝，说黄帝时"播百谷草木，淳化鸟兽虫蛾"。由于养蚕从来是妇女的事，多数史书还是把发明权归于黄帝元妃。这一传说最早见于西汉刘安的《淮南王养蚕经》一书，该书明确记载了"黄帝元妃西陵氏始蚕"。到北宋刘恕所著的《通鉴外纪》，把发明者西陵氏改成了嫘祖。书中说，"西陵氏之女嫘祖为黄帝元妃，始教民育蚕，治丝茧以供衣服，而天下无皴（音cūn，皮肤冻裂）瘃（音zhú，冻疮）之患，后世祀为先蚕"。这样，嫘祖正式成为我国古代蚕桑丝绸的发明人，并被作为蚕神而长期供奉。

传说虽不同于神话，但人为的加工成分很大，所以上述传说中，发明人的姓名、性别几次发生变化，传抄多了才相对固定下来。但不论怎么变换，都同黄帝有关。这是由于古代儒家把黄帝尊为中华民族的始祖，因而把我们民族所有的古老文明追根溯源，全都归功于黄帝。蚕桑丝绸起源很早，对人民生活影响很大，但又找不到（事实上也没有）具体的发明创造者，而从殷商以后,历代又有帝王祭祀蚕神、皇后亲桑的礼仪,显示奴隶主和封建主最高统治者对蚕桑生产的重视。在这种情况下,很自然地把蚕桑丝绸生产的发明权归到黄帝头上。

2 从考古文物看蚕桑丝绸的起源

神话和传说都不是信史,不足为凭。在没有文字记载的情况下,考古出土的文物资料,是说明蚕桑丝绸起源最可靠的证据。令人欣喜的是,自从20世纪20年代以来,我国黄河流域和长江流域地区都有史前时期有关蚕桑丝绸的文物出土,为我们考证蚕桑丝绸的起始时代、了解史前时期蚕桑丝绸生产的情况,提供了宝贵的实物资料。

1926年,北京清华大学的一个考古队,在山西夏县西阴村一个距今五六千年前的仰韶文化遗址中,发掘出一枚被刀子切割过的蚕茧。这枚蚕茧的出土,在国内外研究中国历史的学者中,立即引起了轰动,因为它是当时能借以考证中国蚕丝起源的唯一实物凭证。许多人对这枚蚕茧的种性、年代及其意义,进行了考证和分析。有人认为这是一枚家蚕茧,并根据该遗址同时出土的纺轮,推断当时已经开始养蚕抽丝织绸。这枚蚕茧的出土,使中国是"丝绸之源"获得了实证。

但也有完全相反的意见。有人认为是野蚕茧,而不是家蚕茧;有人虽然承认是家蚕茧,但不是仰韶文化时期的东西,而是后来混入的,其理由是:在新石器时代，生产技术十分原始，养蚕织绸是不可想象的；华北黄土高原地区的土质疏松，密封性差，裸露的蚕茧在地下埋藏保存几千年是不可能的；茧壳切口那样平直，一定要有锋利的刀具，而当时使用的石刀、骨刀是无法办到的。

上述几种观点都有相当充分的理由，谁也说服不了谁，所以几十年来一直未能统一。客观地说，单凭一枚蚕茧还不足以断定当时就有蚕桑丝织生产。因为将蚕茧切开，也可能是吃里头的蛹。但也正是由于吃蛹，而导致了抽丝和原始丝绸的产生。因为嚼茧或撕茧取蛹，发现了纤柔亮泽而又坚韧的丝茸，逐渐开创了对茧丝的利用。居住在四川大凉山的一支藏族部族的丝织业，就是这样发展起来的。这个部族自称"布郎米"，意为"吃蚕虫的人"。他们最初采集蚕蛹作为食品，后来便开始养蚕缫丝。另有学者推测，蛾口茧在野外腐败变松，露出纤维，也是古人发现蚕丝利用的一个途径。由此看来，导致古人利用蚕茧纤维的原因和途径是多种多样的。

50年代后，随着史前社会的大量丝织品、纺织工具和蚕、蛹饰物的相继出土，我国蚕桑丝绸起源之谜逐渐被揭开。

1958年，在浙江吴兴县钱山漾一个新石器时代遗址中，发掘出一批丝织品，有残绢片、丝带和丝线等。经鉴定，绢片是用经过缫丝加工的家蚕长丝织造，采用平纹织法，每平方厘米有经纬纱47根，丝带为30根单纱分3股编织而成的圆形带子，可能供妇女用作腰带。这个遗址离现在有 4650～4850 年左右。也就是说在距今大约 5000 年前，太湖流域地区不仅出现了蚕桑丝绸生产，而且达到了相当高的工艺水平。经纬线均匀而平直，单位面积经纬纱数量相等，结构相当紧密，表明当时已经掌握了缫丝技术，并有较好的织绸工具。显然，蚕桑丝绸生产已经存在了相当长的时间，蚕桑丝绸生产的起源时间比这要早得多。

浙江余姚河姆渡遗址的出土文物资料告诉我们，大约在距今 7000 年以前，我们的祖先就可能开始利用蚕丝作为纺织原料了。1973～1978 年，我国考古工作者曾分两期对这一遗址进行发掘，在出土文物中，除作抽纱捻线用的木、陶、石纺轮外，还发现了原始织机的一些部件，如木质打纬刀、梳理经纱用的长条木齿状器和两端削有缺口的卷布轴等。虽然没有纺织品和纺织原料实物被发现，但有一个牙雕小盅出土。小盅外壁雕刻有编织纹和四条蚕纹的一圈图案。同时出土的还有陶猪和刻有稻穗纹、猪纹图案的陶盆等。把这些联系起来分析，说明蚕和稻、猪一样，已走进当时居民的经济生活，野蚕已进入户内饲养阶段。而编织纹和蚕纹组成一个完整的图案，则反映出蚕和织之间密不可分的相互依赖关系。原始状态的蚕桑丝织生产可能已经出现了。

在黄河流域，1984 年河南省在发掘荥阳青台村一处仰韶文化遗址时，发现了距今约 5500 年的丝织品和 10 余枚红陶纺轮。这些丝织品实物大部分放在儿童瓮内，用作包裹儿童尸体，大都粘在头盖骨上。丝织品除平纹织物外，还有浅绛色罗，组织十分稀疏。前面说过，伏羲氏用蚕丝织成丧服用的缯帛。荥阳出土的丝织品恰好是这样的"缯帛"。这是迄今发现最早的丝织品实物。凭实物本身还难以判断当时丝织生产的发展水平，在一般情况下，裹尸布总比服饰用布稀疏和低劣。裹尸丝帛稀疏，不一定表明丝织技术原始和低下。相反，在尚无贫富和阶级分化的新石器时代中期，有丝帛用于包裹儿童尸体，说明丝织品比较充裕，丝织生产已有某种程度的发展。

除丝织品实物和纺织工具外，在距今5000年前的南北各新石器时代文化遗址中，还发现了若干蚕形、蛹形饰物。1921年，在辽宁砂锅屯的仰韶文化遗址中，有一件大理石蚕形饰物出土，石蚕长达数厘米；1960年，山西芮城西王村的仰韶文化晚期遗址中，发现了一个陶制的蚕蛹形装饰。陶蚕蛹长1.8厘米，由6个节体组成；1963年，江苏吴县梅堰良渚文化遗址出土的黑陶上，绘有蚕纹图饰。1980年在河北正定南阳庄仰韶文化遗址出土了两件陶蚕蛹，各长2厘米，腹径0.8厘米，据鉴定，这是对照实物仿制的家蚕蛹，其形制同芮城西王村遗址的陶蚕蛹十分相似。遗址中还发现了既可用于理丝又可打纬的骨匕70件。南阳庄遗址距今约5400年。

上述考古发掘资料说明，在距今5000多年前，黄河中游流域和长江下游流域地区，都已出现蚕桑丝绸生产，并有了相当程度的发展。其最初起源当应更早，或许可上溯到距今六七千年以前。其准确年代则有待新的考古发掘资料的证实。黄河流域、长江流域两个地区蚕桑丝绸生产的起源和早期发展，是平行的和各自独立的，既无明显的时间先后，也无明显的传播和承接关系。所以说，我国蚕桑丝绸生产的出现是多源的。

二 商周时期蚕桑丝绸生产的普遍兴起

蚕桑丝绸生产在新石器时代中晚期出现以后，发展十分缓慢。大约在公元前22世纪末~前21世纪初，我国第一个奴隶主统治的国家政权——夏朝建立，我国由原始社会进入阶级社会。以后经商代、西周、春秋，直至公元前475年出现秦、齐、楚、燕、赵、晋等国鼎立的局面为止，在约1500年的时间内，我国处于奴隶制的历史发展阶段。

这一时期，社会生产力和科学技术有了明显的进步。农业、手工业加速发展，青铜工具逐渐取代原始的石器、木器、骨器工具，农田水利灌溉初具规模，农业产量提高。在这种情况下，蚕桑丝绸生产普遍兴起，成为社会生产和整个国民经济的一个重要组成部分，养蚕、缫丝、织绸和染色技术也都有了明显的提高。

1 和农业并重的蚕桑生产

在夏、商、西周和春秋时期，蚕桑生产受到统治者的高度重视，推广和发展很快。夏代关于蚕桑生产的历史资料很少，但商、周两代关于蚕桑生产的资料十分丰富，我们从中可以看出蚕桑生产的发展情况。

商代后，丝织品成为奴隶主贵族衣被和室内装饰的主要材料，又是政府税收的重要组成部分，蚕在社会经济和日常生活中的地位越来越重要，被尊为"蚕神"、"蚕王"、"先蚕"，每年蚕季开始时，都要举行祭祀蚕神的典礼。殷商甲骨文中有"蚕示三牢"的记载。祭祀时用三头牛或三对雌雄羊，并由国王亲自主祭。这充分说明典礼的隆重和对蚕桑生产的重视程度。殷人十分迷信，经常用烧烤龟甲的方法占卜吉凶。在这种占卜中，有不少是预卜蚕桑收成、祈祷蚕桑丰收的。也有的是关于派人察看蚕事的记载。甲骨文中"蚕"字、"桑"字以及同蚕桑有关的字，出现的频率极高。在发现的甲骨文中，从"丝"和"系"的字有100多个。统治者还用玉和金雕成蚕，作为装饰品或陪葬品，河南安阳大司空村殷墓中就有陪葬玉蚕出土。另外还在一些器物上雕刻蚕纹作为装饰。殷商时还设有被称为"女蚕"的典蚕官，由妇女担任，专门负责指导蚕桑生产。由此可见当时蚕桑生产的重要性。

西周和春秋时期，蚕桑生产进一步推广和发展。周代以农立国，自公刘迁都豳（音 bīn，今陕西旬邑县），改善农桑，天子和诸侯都建立"公桑蚕室"，天子和诸侯夫人在每年养蚕缫丝前，都要举行"亲蚕"、"亲缫"的隆重仪式，即亲自采桑喂蚕，作为表率，倡导和动员全国百姓搞好蚕桑生产。豳地发展成为古老的蚕桑区。

大约在公元前11世纪，周武王推翻商朝后，建都镐（今陕西长安县），大规模分封诸侯，并向他们征缴贡赋，各诸侯在自己的领地发展蚕桑生产。于是蚕桑业在更大地区推广开来，黄河流域成为当时蚕桑业最发达的地区，其中以齐、鲁两国即今天的山东一带的蚕桑生产最为兴盛，淮河以南地区和四川等地的蚕桑生产也有相当发展。

当时从事蚕桑生产的主要是奴隶，但也有相当数量的自由农。在蚕桑业比较集中和发达的地区，桑树成片成林，居屋就坐落在桑林中。《诗经·豳风·东山》中即有"烝（音zhēng，长久）在桑野"的诗句，意思是"桑树林中久住家"。妇女则是蚕桑生产的主力军，采桑养蚕是她们的主要职业。当时养蚕和纺织被称为"妇功"。据《周礼》记载，西周在"天官"下设有"典妇功"，专门管理妇女的蚕桑和纺织生产。《周礼·地官》说，庶民不养蚕的，就没有帛穿；不纺织的，就没有布用。蚕桑生产是农户个体经济的一个重要组成部分。

我国第一部诗歌总集《诗经》中，有不少诗篇是描写西周至春秋时期的蚕桑生产活动的。我们从中可以了解到当时有关蚕桑生产的一些状况。如《魏风·十亩之间》写道："十亩之间兮，桑者闲闲兮，行与子还兮！十亩之外兮，桑者泄泄兮，行与子逝兮！"这是魏国（在今山西芮城北）地方采桑妇女，采桑结束时，呼唤同伴回家的山歌。大意是：一块桑田十亩大呦，

二 商周时期蚕桑丝绸生产的普遍兴起

采桑人儿都歇下呦。走啊，我和你同回家呦！桑树连桑十亩外呦，采桑人儿闲下来呦。走啊，我和你在一块呦！

一块桑田有十亩那么大，十亩之外还有桑林，可见当时的蚕桑生产已有相当规模。

当时不仅有大面积的成片桑林，住宅院里、房前屋后空地，也都种上了桑树。这在《诗经》中也得到反映。《郑风·将仲子》有这样的诗句："将仲子兮，无踰我墙，无折我树桑！"这是一对私恋中的青年男女，姑娘深深地爱着她的"小二哥"（诗中的"仲子"，就是我们通常说的"老二"），但却不让他爬墙到院子里私会，以免弄断了桑树枝。尽管她一再声明，不是心疼桑树，而是怕父兄知道了责骂，但是院子里的桑树，对她家来说还是至关重要的。孟子说："五亩之宅，树之以桑，五十者可以衣帛矣。"如果每家都在分得的五亩宅基地上种上桑树，50岁的老人就可以都穿上舒适的绸子衣服了。姑娘家的院子里种的那些桑树，或许就是为了养蚕缫丝织绸，为她的父亲缝绸衣呢。

当然，在奴隶社会，有关蚕桑生产活动反映出来的不只是劳动的欢娱、爱情的甜蜜，更有奴隶和农民遭受残酷压迫剥削的饥寒和痛苦。有一首题为《七月》的叙事长诗，既叙述了周代先人居住在豳地时，一年的蚕桑、农事和狩猎等活动，也揭露了奴隶主贵族的残酷压迫和剥削。诗的第二、第三两章是这样写的：

原文：春日载阳，　　译文：春天里好太阳，

有鸣仓庚。	黄莺儿叫得忙。
女执懿筐，	姑娘们拿起深筐，
遵彼微行，	沿着小路走，
爰求柔桑。	忙着采嫩桑。
春日迟迟，	春天里日子长，
采蘩祁祁。	白蒿子采满筐，
女心伤悲，	而姑娘心里正发愁，
殆及公子同归。	怕被公子抢了走。
蚕月条桑，	三月里修条桑，
取彼斧斨（音qiāng），	砍柴刀带身上，
以伐远扬，	太长的枝条都砍掉，
猗彼女桑。	用绳绑牢嫩桑。
七月鸣鵙（音jú），	七月听到伯劳叫，
八月载绩，	八月绩麻就更忙。
载玄载黄，	染出丝来有黑也有黄，
我朱孔阳，	大红色儿更漂亮，
为公子裳。	都得给那公子做衣裳。

二　商周时期蚕桑丝绸生产的普遍兴起

一到春天，农户男子修整桑树，妇女采白蒿子催孵蚕子，采嫩桑喂养蚕儿，缫丝染丝，织出黑、黄、红等各色绢帛，八月里还要忙着绩麻织布。然而，所有这些都是给富家公子做衣服，而自己无一丝一缕上身。最后，农民发出这样的愁叹："无衣无褐（音hè），何以卒岁？"连一件粗布衣裳也没有，怎么熬过年啊！

15

奴隶的境况自然更悲惨了。不但劳动产品全部为奴隶主所有,而且劳动条件更恶劣,挨打受骂也是家常便饭。在北京故宫博物院存有一件公元前3世纪左右的青铜酒器,叫做"采桑猎钫(音 fāng)"。它的腰部绘着采桑图,画面上有两株桑树,一个大奴隶正弯腰弓身,让小奴隶站在他的背上采桑叶,奴隶主手拿棍棒在一旁监督。而在另一棵桑树旁,奴隶主正在打一名跪在地上的奴隶。与此形成鲜明对照的是,画面上还有一只翘着尾巴、欢蹦乱跳的狗。显然,采桑奴隶的境况还不如一条狗,甚至连生命也没有丝毫保障(见图1)。

图1 战国"采桑猎钫"上的采桑图

商、周和春秋时期,蚕桑生产受到奴隶主统治阶级的高度重视,但广大奴隶和农民是蚕桑生产的主力军,是历史的创造者。正是由于他们的劳动和创造,这一时期的植桑和养蚕技术都有明显的提高。

商代以前,主要是利用野桑饲蚕;商代后,桑树的人工栽培逐渐普遍;到西周、春秋时期,人工栽培的比重越来越大。当时桑树的培养主要有高干乔木桑和低干乔木桑两个品种，栽培技术也逐渐成熟。桑树每年都要进行整枝，造型也相当讲究，既要充分利用太阳光进行光合作用，提高桑叶产量，又考虑到采摘的方便。

就蚕的饲养来说，原来野生桑蚕为多化性，殷商时期经驯化，逐渐演变为二化性及一化性。到西周、春秋时期，主要是养一化性蚕，即只养春蚕，而禁养夏蚕。为了保护蚕种，减少病虫害，每年仲春二月，蚕子孵化以前，要洗浴蚕种，并用白蒿煮水浇洒，加快蚕卵孵化。当时已开始注意到饲蚕桑叶的清洁卫生，采回的桑叶，通常要经过清洗、晾干或风干，才用来喂蚕。对于蚕的几种生长形态，即蚕卵—出蚁（生蚕）—化蛹—结茧—化蛾，已有一定认识。蚕室和养蚕工具也相当讲究。当时不仅有专用的蚕室，而且对蚕室的位置和朝向，都有严格要求，按《礼记·祭义》规定，蚕室要靠近河边，其建筑既要高爽，又要能密闭。养蚕有架，架上放置萑（音 huán）苇做的箔，芦箔上再铺粗席。席上再放桑叶喂蚕。

❷ 迅速发展的丝织业

进入商代后，丝织业迅速发展，由原来的少数部落向全国范围推广，社会上的丝织品数量和种类明显增加。

公元前17世纪，商汤灭了夏桀后，俘虏了大量奴隶，并将他们用于生产。商代有数量庞大的手工业奴隶，设有专职官吏"百工"（又称"百官"、"百执事"），率领和监督他们从事各种手工业生产。手工业成了这些俘虏的终身职业，并代代相传，往往一个氏族的子孙后代，连绵不断地从事某一手工业。这种世袭的专业分工，使百工和奴隶不断积累和丰富生产知识与技能，从而加速了手工业的发展。同时，由于商代奴隶主贵族生活的豪华奢侈，超过夏代百倍，丝绢又是他们生活中的大宗必需品，消耗量大得惊人。王族、宫女全都身穿绫罗绸锦。商末纣王时，宫女"衣绫纨者三百余人"。贵族不但活着时要穿丝绢绫纨，死了还要大量的丝织品随葬，其他随葬品也都要用丝绸包裹保护。丝织品的消耗这样大，没有相应发达的丝织业是做不到的。

随着考古发掘工作的开展，大量的商代文物相继出土，其中有不少反映了当时的丝织生产情况。如在河南洛阳、安阳等地发掘的商代贵族墓葬中，出土了铜戈、铜瓿、铜爵、铜觯（音 zhì，古代酒器）、铜钺（音 yuè，古代兵器）等各种青铜器以及玉器等，在青铜器和玉器的表面，大都留下了原来用于包裹的绢丝等的痕迹。安阳还发现了商代一个随葬马车的马车坑，马车上覆盖着朱红色的布帛。由于年代久远，布帛自然早已腐烂，但却在泥土上留下了清晰可见的痕迹。这些都是商代丝织品的间接实物。另外，在商代贵族的墓葬中，还常常发现玉蚕、金蚕饰物；商代铜器上，也有蚕形装饰纹。

商代生产的丝织品除了满足奴隶主贵族的奢侈需

求外，还被用来进行商品交换。据《管子》记载，商代初年，伊尹曾以薄（亳）地女工制作的文绣绸绢，当做商品出卖，换得夏桀的100钟（同盅）粮食。

西周、春秋时期的丝织生产，在商代的基础上又有新的发展。

西周官府对丝织生产十分重视。1957年，陕西宝鸡西周奴隶主墓葬中，出土了数量可观的形状大小不一的玉蚕。最大的长约4厘米，最小的不到1厘米，都是仿照真蚕雕制的，形态栩栩如生。奴隶主用这样多的玉蚕随葬，反映了奴隶主贵族对蚕的钟爱和蚕桑丝织业的重视。《周礼》中有"典丝"官，专门负责蚕丝的质量检查、储存和发放加工等事务。另外设有"幌（音 huāng）人"、"染人"和"画缋"（音 huì，画花纹）等职官，分别负责丝帛和其他纺织品的练漂、染色和绘画绣花等装饰加工。

春秋时期，各国诸侯为了扩大自己的经济、军事实力和政治影响，都把鼓励发展蚕桑和丝织生产，作为强国富民的主要措施，往往以"擅桑麻桑之利"、"桑麻遍野"显示国力，使蚕桑和丝织生产获得了更大的发展。

在西周、春秋时期，官府和民间丝织业都十分发达。周灭商后，俘获了许多丝织技术熟练的奴隶，并把他们同土地一起分封给诸侯。在周王室和各诸侯贵族领地，都有自己的丝织手工业作坊。周王室所设的"典妇功"，专门掌管宫内妇女劳作，向宫内的九嫔、世妇、宫女等传授丝绸生产技术，规范操作方法，组织生产，验收产品，并按照产品的数量和质量给予奖惩。

民间丝织生产也很普遍。在当时以自给性生产为主的条件下，谁不养蚕织绸，谁就没有帛穿。因此，一般农户都把蚕桑丝绸生产作为主要副业，对妇女来说，则是主业。《诗经·瞻卬（音áng）》说："妇无公事，休其蚕织。"妇女不承担公差和管理国家大事，怎能不从事养蚕和丝织生产呢？当时女子在出嫁前，都必须掌握纺织的基本技能，并终生从事这种劳动。一些诸侯贵族也对民间丝织生产采取鼓励的政策。

西周、春秋时期的丝织业，既是社会经济的重要部门，又是国家赋税的重要来源。从成书于春秋战国时期的《禹贡》一书，可以了解到春秋时期丝织生产的地区分布，以及在当时国家财政税收中的重要地位。《禹贡》把当时中国分为冀、兖、青、徐、扬、荆、豫、梁、雍等9个州，除冀、雍、梁等3州外，其余6个州的土产和贡品中都有丝织品。这6个州的范围，包括现在的山东、江苏、安徽、浙江、福建、河南、湖北、湖南、江西等广大地区。这些地区到春秋时期为止，都有相当规模的丝织业，丝和丝织品的种类也因地而异。各州中以兖州、青州、豫州，即现在的山东、河南一带，丝织业最为发达。山东临淄和河南陈留、襄邑，是当时著名的丝织和纺织中心。位于泰山之北的齐国，更号称"冠带衣履天下"。冀、雍、梁3州贡品中没有丝织品，也并不等于当地没有丝绸生产。这3州相当于现在的河北、山西、陕西、四川一带，这些地区都有多寡不等的蚕桑丝绸生产。前面所引《豳风·七月》的叙事长诗，所说的地点豳，即在陕西；《魏风·十亩之间》描述采桑劳动情景，即在冀州境内；位于四川和陕南的梁州，丝绸生产一直就很发达。因此，当时全国9个州都产丝绸，蚕桑丝绸生产在全国已经相当普遍。

商、周和春秋时期，丝织品虽以自给性生产为主，但在满足家庭消费以后，也有一部分进入市场。而且，随着蚕桑丝绸生产和社会分工的发展，丝绸贸易越来越兴盛。齐国所产的丝绸，除了满足当地需要外，还大量输出，这才有"冠带衣履天下"的美名。陈留、襄邑的美锦等丝织品也广销外地，远近闻名。还有一些地区的丝绸贸易，是以不同生产者之间的品种调剂的形式出现的。《诗经》中的《卫风·氓》，开头4句说的就是麻布和蚕丝的物物交换：

原文：氓之蚩蚩，　　译文：那汉子一脸笑嘻嘻，
　　　抱布贸丝。　　　　　抱着麻布来换丝。
　　　匪来贸丝，　　　　　其实哪里是换丝，
　　　来即我谋。　　　　　不过乘机求我成好事。

在这里，交易双方都是小生产者，一个生产麻布，一个生产蚕丝，都需要对方的产品，结果出现了麻丝之间的直接物物交换。从那男子以"抱布贸丝"为掩护向那女子求婚的举动看，这种麻布和蚕丝的交换在当地已经相当普遍。

也有的丝绸交易是在奴隶主之间进行的。北京故宫博物院藏有一件西周孝王时的铜鼎，是一个叫曶（音 hū）的奴隶主的，通称"曶鼎"。鼎上的铭文记载，曶用一匹马和一束丝买下了另一个奴隶主的 5 名奴隶。这既反映当时丝的价昂，更说明奴隶的价贱。

3 不断进步的丝织技术和丝织工具

丝织生产，从蚕茧到上机织造，中间要经过缫丝、络丝、并丝、捻（音 niǎn）丝和整经等多道工序。新石器时期的丝织生产已有缫丝、并丝、捻丝等工序，并初步掌握了有关技术。

商、周和春秋时期，缫丝、络丝、并丝、捻丝和整经等丝织准备工序，已初步定型，工艺技术和器具有了明显的进步。

缫丝是丝织准备阶段的第一道工序。

蚕茧丝主要由丝素和丝胶两部分组成。丝素是茧丝的本体，是一种半透明纤维；丝胶是一种包裹在丝素外面的黏性胶状物质。丝素不溶于水，丝胶则易溶于水，但遇冷又会凝固。因此，必须将蚕茧放入一定温度的水里，让丝胶溶解，才能使纤维分离，以便抽引取丝。

我们的祖先早在新石器时代，就认识到了蚕茧丝的上述特性，用水溶解丝胶，抽取蚕丝。最初利用的可能是蛾口茧，抽取的丝是比较短的断头丝，用纺专捻成丝线，再进行织造。经过漫长的实践和经验积累，才发展为利用整茧,并由抽丝发展为缫丝。到新石器时代晚期,可能已初步掌握了热水缫丝的基本技术。前面已经提到,浙江吴兴钱山漾遗址出土的绢片,所用蚕丝是经过缫制加工的。绢片经纬丝的纤维表面光滑均匀,丝胶已经剥落,很像是在热水中缫取的。并且在该遗址中,还与丝织品同时出土了两把小帚,是用草茎制成,柄部用麻绳捆扎,很像后来的丝帚。可能就是用于缫丝索绪的工具,即索绪帚。绢片和索绪帚的同时出土,是我国新石器时代晚期缫丝技术初步形成和发展的有力证据。

到商代,缫丝已经普及,一些出土的商代铜器、玉器上的丝织物残片,都是用长丝织成。商代甲骨文中已有象形字表示缫丝时的索绪和集绪动作。

西周、春秋时期,缫丝技术更加娴熟,要求更加严格。在西周宫廷的丝织作坊中,缫丝用的蚕茧要经过严格挑选,并经王后查看认可。缫丝时要水泡3次,水温凭操作者的经验控制。据《礼记·祭义》描述的缫丝煮茧情况,当时可能用的是"浮煮法",即把蚕茧投入热水中,因热水不可能立即渗透茧壳,故茧子浮于水面,操作者必须多次将茧子按入水中,所以要求水泡3次。同时不断搅动,使茧丝松解,丝绪浮游水中,然后用草茎帚等工具索绪、集绪、抽丝。

蚕丝的纤维很细,不可能单根缫制和使用。所以缫丝时总是把多根茧丝集绞一起,并成一根生丝。西周、春秋时,生丝条份的粗细即是用蚕茧粒数计算的。当时,1根茧丝叫"忽",10忽为"丝",5丝为

"缀",10丝为"升",20丝为"总",40丝为"纪",80丝为"综"。陕西岐山出土的西周丝织品的经纬丝,缫丝茧粒数分别为14、18和21。说明当时的生丝条份大多为10~20左右,少量也有达到50的,主要用于缝纫和刺绣。

缫丝时的绕丝工具,最初可能是简单的"H"字形的架子。这种绕丝架起源很早,最晚在有象形文字时就开始使用了。我国古代常用"亂"("乱"的繁体字)字代表治丝。"乱"的象形字就是缫丝者一手持H架,一手绕丝的模样。商代甲骨文中有"I"字,金文中有"⌾"字,都是"H"架的象形字,以后篆书作"壬",是后来"纴"或"轷"的本字。继H架之后,又出现了"X"字形的架子。1979年,江西贵溪岩墓出土了3件H形和1件X形绕丝架,属于春秋战国之际的用物。H架是用整块木料制作,长62~73厘米;X形架长36.7厘米,中间交叉处用竹钉穿拴,两头用榫头固定,制作讲究。

蚕丝缫好后,从绕丝架上脱下来就成丝绞,可以拿到市场上进行交换了。前面《诗经》中的"抱布贸丝"和曶鼎上所载匹马束丝换奴隶,所用的丝就是这种丝绞。

丝绞在加工成织造用的经、纬丝之前,还必须经过络丝工序。即重新绕在较小的筦(音yuè)子上。络丝工具是4根竹竿,竖插地面或安装在木框上。络丝时丝绞籍在竹竿四周,丝线通过一个悬钩引至筦子上,手持筦子不断转动,丝线便络至筦子上。

由于丝织品的种类不同，对经、纬线的粗细要求也不一样，有的需要几股生丝并合在一起，或同时进行加捻。所以织造准备过程中又有并丝和捻丝工序。

并丝、捻丝这种工序，在新石器时代已经出现，如钱山漾出土的丝带，所用的丝线就是用4根S向捻丝，再并捻成1根Z向捻的丝线。商代后，并丝、捻丝工序初步定型，成为常规工序。从出土的一些商代丝织品实物看，经纬丝大都经过并丝或捻丝的加工工序。1973～1974年，河北藁城台西村殷商遗址出土的一块被称为"縠"（音hú）的绉纱织物，其经丝由两根丝并捻而成，Z向捻，捻度为每米2500～3000捻；纬丝则由多根丝并捻而成，S向捻，捻度为每米2100～2500捻，都属于强捻丝。同时出土的纨、纱、纱罗（绫罗）等丝织物，经纬丝也都经过并丝或捻丝加工。捻丝工具除了原有的纺轮外，已开始采用手摇纺车。台西村遗址还出土了两只锭轮，一只形似今天的"I"字形线轴；另一只类似缝纫机的底梭。据鉴定，这是纺丝用的纺锭。可见殷商时手摇纺车已具雏形，同时说明第一次出土的"縠"这种高级丝织物，是伴随捻丝工具的改进而产生的。这是古代丝织技术的一大进步。

整经工具也开始成形。前面提到的贵溪崖墓，出土的纺织工具中，有3件据认为是供整经用的。一件是横断面呈"L"形的齿耙，耙面有一排间隔为2厘米的小竹钉，全长234厘米；另一件底板上有两个浅凹槽，残长113厘米；再一件是经轴，外形同齿耙相近，两端各有一个椭圆孔，中间有一长方形浅槽，残长80厘米。齿耙通常为竖向，在齿耙和丝筬（音yuè）之间有一个分经用的撑扇。

织绸用的织机，在新石器时代已有原始腰机，浙江河姆渡遗址发现的木质打纬刀、梳理经纱的长木条齿状器和两端削有缺口的卷布轴，就是这种原始腰机的部件。云南石寨山出土的汉代铜制贮贝器盖上，有一组妇女纺织铸像，包括了捻线、提经、引纬、打纬、织造以及捧杼供纬等整套工序（见图2）。从中可以大致看出早期腰机的织造情形。

Ⅰ 双手捻线　Ⅱ 提起经线　Ⅲ 穿针引线　Ⅳ 木刀打纬

Ⅴ 席坐而织　Ⅵ 捧杼供纬　Ⅶ 妇女织机图

图2　石寨山出土汉代贮贝器上纺织铸像复原图

商、周和春秋时期，织绸机具有了较大改进，从当时的有关记载看，后来一直延续下来的投梭式织机，其主要部件已基本具备，当时通常用"杼柚"（音zhùzhú）来代表织机，《诗经》中的《小雅·大东》即有"大东小东，杼柚其空"的诗句，意思是东部各诸侯国的百姓，布帛都被西周统治者搜刮去了，家家织机空空如也。杼柚都是当时织机的主要部件。杼即梭子，嵌有纬纱纡（音 yū）管，兼有引纬打纬作用；柚即筘，起着控制经纱顺序、密度和把纬纱引向织口的作用。除杼柚外，织机的重要部件还有绞杆、综、幅撑、经轴、卷轴和机架等。在织造工艺上，当时已注意到对边幅张力的控制，同时采取及时排除经丝疵点的方法，反映当时织丝技术的提高。

上面说的是普通的平纹织机。大概在殷商后，在平纹织机的发展基础上，又增加了提花综等构件，创造出能织造各种花纹的提花织机。这种多综提花织机，分别由地综、花综、绞棍、导线棍、绕经线棍、打纬刀、卷绸棍等部件组成。这是我国最早的提花机具。它的创造和使用，标志着我国古代织绸工艺进入一个新的高度。

4. 多种多样的丝织产品

商、周和春秋时期，随着丝织生产工具和工艺技术的进步，丝织品的品种和规格也不断增加，产品越来越精致，风格日趋多样化。

新石器时代的丝织品，还十分原始、粗糙和单调，只有平纹织物和罗纹织物两种。进入夏、商后，丝织品的种类多了起来。大概从夏代起，开始出现所谓"章服制度"，即不同身份和社会地位的人，必须穿戴不同的衣帽。商以后，凡属"士"以下的阶层，都不准穿有花纹的衣服。章服制度的推行是以丝织品种类、规格的逐渐多样化和规范化为前提的。随着等级制度的日益明确和严格，奴隶主上层人物服饰的日益奢华，丝织品的种类、花色也不断增加。前面提到，商代甲骨文中有100多个从"丝"、从"系"的字。其中有许多可能就是当时丝织品的名称。西周的丝绸品种，大部分在春秋后的史籍都有记载，据初步统计，大概有十几种。在织物的组织结构和花纹方面，商代不仅有平纹织物，而且有多种几何纹的提花织物。河南殷墟出土的青铜戈、玉刀柄上包裹的丝织品即有回纹、云雷纹等纹样。到西周、春秋时期，织物的组织结构和纹样变化，更加复杂和精美。不仅有一般的几何纹小提花织物，而且出现了多色和结构复杂的大花纹提花织物。有的还非常精致和华丽，被《诗经·小雅》描述为"萋兮斐兮"的贝纹锦，《诗经·唐风》描述为"烂兮"的锦衾，可能就是当时丝织物中的精品。

这一时期丝织品的多样性，还可从《禹贡》所列各州的土产和贡品中得到反映。据该书记载，各州贡纳的丝织品互不相同：兖州是"织文"，即纹绮一类的丝织品；青州是桑蚕丝和檿（音 yǎn）丝，有人认为檿丝就是后来的柞蚕丝；徐州是"玄纤缟"，即未经练漂而略带黑色的细绢；荆州是"玄纁玑组"，即深绛色的绶带；而豫州是上等丝绵。上述各州和其他地区，没有载入《禹贡》的丝织物品种当更多。

商、周、春秋时期，丝织品总称帛（以后也叫缯）。未经精练的生丝织品称"素"，经过精练的熟丝织品称"练"。这时的丝织品按其组织结构、织造工艺和纹样风格的不同,大致分为绢、绮、锦等3个大类,每一大类中又有多个品种。

绢是平纹丝织品。按其组织结构来说,这是最简单、最普通的,也是出现最早的丝织品。根据丝线的粗细、捻度以及织物的密度、厚薄和加工工艺的不同,有多个品种和名称。这一时期的绢类丝织品,主要有纱、縠(音 hú)、绡(音 xiāo)、缟(音 gǎo)、纨(音 wán)、绨、缦等。

纱是一种丝线纤细、结构稀疏、质地轻薄的丝织品。1970年辽宁朝阳西周墓中曾发现这种平纹纱,经纬丝的密度每厘米仅20根。经纬丝交织成方孔,所以又称"方目纱"。1957年长沙左家塘楚墓出土的一块藕色手帕,也属于这类产品。

縠是有皱纹的纱,质地略比纱重。古人说,"轻者为纱,绉者为縠",殷商时期就有生产。縠的经纬丝都经过强捻加工,捻向相反,外观呈细鳞状。先由生丝织成,再进行练漂,使丝线退捻、收缩、弯曲,于是织物表面呈皱折状。

绡也是一种轻薄的生丝织物,质地比纱重,比縠轻。古籍解释绡说,"绡,轻縠也"。

缟和纨都是由生丝织成,都有洁白、精细、轻薄的特点。但纨在生织后,再经练漂,织物表面富有光泽。缟和纨分别是鲁国和齐国的著名产品,故有"齐纨鲁缟"之称。

绮是一种花纹丝织品,是在平纹地上起斜纹花的提花织物。其花纹结构走向和经纬方向不同,是倾斜的。花纹形状多为云雷纹、回纹、菱形纹等几何纹。商代已有绮类织物的生产。瑞典远东博物馆所藏的商代青铜觯(音 zhì,古代酒器)和钺(音 yuè,古代兵器)上黏附的丝织品,就是平纹地上起菱形花纹的绮。北京故宫博物院所藏的商代玉刀和铜钺柄上也留有雷纹绮的痕迹。周代也有绮。辽宁朝阳魏营子、陕西宝鸡茹家庄都有周代的绮出土。

绮先用素丝织成,然后染色,但也有用两种颜色的纬线间隔织成的,商代的菱纹、云雷纹绮就属这一种。

锦是用彩色丝线织成的花纹织物。绮和锦都有花纹,绮是通过不同的织纹显花。而锦则是通过不同颜色或不同颜色加织纹显花。这样,锦的色彩更加艳丽和富于变化,花纹的表现力和立体感更强,织纹的变化也远比绮复杂。

锦的生产大约开始于西周。西周、春秋时期的《诗经》、《禹贡》、《国语》等古籍,都有关于锦的描述或记载。《诗经》的《小雅·巷伯》有"萋(音 qī)兮斐兮,成是贝锦"的诗句。意思是织出的贝纹锦,纹采交错,十分华丽。《诗经》的《郑风》、《唐风》、《秦风》中提到的锦类制品有锦衾(音 qīn,被子)、锦衣、锦裳、锦带等。郑在河南,唐在今山西翼西,秦是陕西。说明现在的河南、山西、陕西一带都生产锦类丝织品。齐鲁地区也产锦。《国语》载,齐桓公说他的父亲齐襄公"陈妾数百,食必良肉,衣必文绣"。

这么多人把绣锦作常服穿戴，想必锦的生产数量还是很大的。西周和春秋时期，不仅已有较多的织锦生产，而且品种相当齐全。当时史籍上提到的织锦，有贝锦、玉锦、重锦、束锦、美锦、杯锦、制锦、示锦、反锦等，不下十余种之多。

50年代以来，陕西、辽宁、山东、湖北等地，相继有西周、春秋时期的织锦实物出土。1955年宝鸡茹家庄西周墓出土一柄青铜剑，柄上粘有锦的残片，菱形花纹，属于经纬显花的纬二重组织。1977年湖北随县的战国早期墓也发现了同样的锦。1970年和1976年分别在辽宁朝阳西周和山东临淄东周墓出土的锦，则属于经二重组织，正反面的经丝都是三上一下的经重平组织。原来以为这种组织是汉代才有的，故称"汉锦组织"，其实早在西周就有了。

织锦把蚕丝独有的优良性能和美术相结合，使丝绸不仅是一种高贵的衣料，而且成为一种艺术品，从而大大提高了它的历史价值。它在以后的发展中，成为各个时代文化艺术水平的标志。

丝绸的练染工艺

早在新石器时代，我们的祖先已开始懂得利用矿物和植物颜料、染料。如用赤铁矿粉末将麻布染成红色；逐渐发明用温水浸渍的办法提取蓝草、茜草、紫草等植物染料。

商周时期，练漂和染色已成为丝绸生产的必要工序。殷商甲骨文中出现了有关练、染的文字。在《周礼》记载的官府作坊中，设有管练染的幌（音huāng）氏、染人等职官或生产部门，专门掌管染料的征集、加工，生丝、生帛的练漂和染色，并创立和形成了一套比较完整的工艺技术。这时的练染生产，已单独成为丝绸生产中的专门行业。

生丝在缫制的过程中，只有一部分丝胶溶解在水里，而大部分保留下来，必须经过精练，把丝胶和其他杂质除掉，生丝才能成为熟丝。当然也可以直接用生丝织造，如前面提到的缟、纨，就是用生丝织的。但织成后也得精练。只有经过精练，丝和丝织品才能手感柔软、垂悬自然，并呈现珠宝一样的晶莹光泽，才能着染鲜艳的颜色。

在西周和春秋时期，凡生丝、生帛都要经过精练。染色也必须先行练漂。而且，练漂的操作和工艺要求十分严格。据《周礼·幌氏》记载，生丝练漂分灰练和水练前后两道工序。先用"涗（音shuì）水"，即灰滤过的水浸泡7天，练去部分丝胶；然后采用白天曝晒（须离地1尺）、夜晚井水浸润的方法，以达到丝纤维脱胶和漂白的目的，日曝井浸的"水练"也是7天。经过14天的练漂，使丝胶完全脱尽，颜色洁白而有光泽。这是我国关于练丝工艺的最早记载。当时因练丝和洗涤衣服的草木灰用量相当大，甚至设有"掌灰"职官，以保证草木灰的供应。

练帛工艺与练丝大体相同，不过用料更多，器具更好，脱胶要求更高。其工艺程序是：先将浓楝木灰水浇在帛上,将帛放在光滑容器内用蚌壳灰汁浸淫。待灰汁澄清后,脱水再浇楝木灰汁;再脱水涂上蚌壳灰,放置过夜,次日又浇洒楝木灰汁,脱水后,再进行7个昼夜的水练。楝木灰和蚌壳灰都是碱性物质,主要起脱胶和增白作用。这种灰练、水练相结合的练丝工艺,自商、周后沿用了几千年。

商、周时期丝帛的染色也十分受重视。这一方面是随着社会经济的发展和文明程度的提高,人们对服饰的色彩越来越讲究;另一方面,进入奴隶社会后,等级观念越来越强烈,而服饰色彩成为区分等级的一个重要标志。按周礼规定,不仅各个等级的服饰颜色有严格限制,而且上身和下身的颜色也有规定,不能混用。西周将颜色分为"正色"和"间色"两大类,青、赤、白、黑、黄为正色,绿、红、碧、紫、流黄为间色。规定上身用正色,下身用间色,不许颠倒。严格的礼仪和规定的实施,逐渐形成重文彩的社会风气,在客观上则促进了染色工艺的发展。

据《周礼》记载,西周设有"染人"职官,"掌染丝帛"。染丝和染帛,是当时丝织业中的两种不同的工艺流程。染丝是先染后织,用染后的色丝织锦,或用作彩线刺绣。彩锦和刺绣服装是一种华贵的服饰,只限于帝王和奴隶主贵族穿着。当时有所谓"士不衣织"的规定,即低级官职的"士"和平民百姓,不能穿先染后织的丝织物;染帛是先织后染。织造用的蚕丝只经过精练,而不染色,或者直接用未经精练的生丝织造。织好后再行练漂和染色。这是一种单色丝织品。

按所用染料种类不同,商、周、春秋时期的丝织物染色分为"石染"和"草染"两大类。

用矿物颜料给丝织物或服装着色,称为石染。当时使用的矿物染料有红色染料赭石(赤铁矿)、朱砂,黄色染料石黄,绿色染料孔雀石(石绿),白色染料胡粉、蜃灰等。石染的基本方法是涂染。即将矿石研成粉末,调成浆状物往织物或衣服上涂抹。各地出土的商、周、春秋时期的染色丝织物,有不少是用矿物涂染的。故宫博物院收藏的商代玉戈,表面留有绢的痕迹,并渗有朱砂;陕西岐山贺家村和宝鸡茹家庄两地西周墓出土的丝绸和刺绣,都留有朱砂染过的痕迹。除了涂染,有时也用浸染,如用朱砂浸染丝线,再用来织锦。据《周礼·秋官》记载,西周设有"职金"职官,负责管理朱砂、石绿等矿物染料的征收、发放。

使用植物染料染色,称为草染。当时用于丝织物染色的植物染料主要有:红色染料茜草(茹藘),紫色染料紫草,黄色染料荩(音 jìn)草、地黄、黄栌,蓝色染料靛蓝(蓝草),黑色染料皂斗等。商、周时期,公服、祭服、军服等都用红色,红色染料的用量很大。《诗经》中多处提到茜草(茹藘)和茜草染色。紫草染色也很流行,尤其在齐国,因齐桓公喜欢穿紫色衣服,全国仿效,尽着紫服,以至于一时间紫草供不应求,价格猛涨。靛蓝染色应用很早,传说在夏代已开始蓝草的人工栽培。到商、周、春秋时期,靛蓝染色更加普遍,染料用量更大。由于采蓝的人太多,导致更加普遍，染料用量更大。由于采蓝的人太多，导致蓝草资源的短缺。《诗经》中有"终朝采蓝，不盈一襜（音chān）"的诗句，意即采了一个早晨的蓝草，还不满一围裙。据《礼记》记载，为了保护蓝草资源，西周政府规定，每年阴历五月蓝草发棵时，禁止百姓采割蓝草用于染色。西周政府还设有"掌染草"的职官，负责征集和发放植物染料的工作。草染的基本方法是浸染。由于植物染料的采集受到季节限制，所以染色也有季节性。据《周礼》记载，当时一年中的染事分配是"春暴练，夏纁玄，秋染夏，各献功"。一年中的染事主要集中在夏秋两季。这种季节分配同气候也有很大关系。

这一时期，在染料的制取和提炼，染色技巧，染色与季节关系的掌握等方面，都有了明显的进步，开始运用和掌握复染、套染和媒染技术。织物颜色的深浅，同入染次数的多少直接相关。早在西周，染工就已摸索出一套规律，通过不同的入染次数获得深浅不同的颜色。如用茜草染色，要染3次才能得到大红色。《尔雅·释器》中有"一染縓（浅红色），二染赪（音chēng，红色），三染纁（大红色）"的记载。另外，用两种以上颜色的染料进行套染的工艺，在商、周时也已出现。如用蓝草染后，再用黄色染料套染，获得绿色；红、蓝两色染料套染，获得紫色；黄、红两色染料套染，获得橙色，等等。商、周时期，已能用当时获得的红、蓝、黄"三原色"染料套染出多种颜色。西周和春秋时，随着茜草、紫草染色的推广，媒染工

35

艺也开始出现。从《诗经》中上述关于茜草染成绛、赤等色的记载看，染色过程中显然使用了媒染剂。后来一些出土实物证明，当时使用的是铝媒剂。《周礼·钟氏》记载的"三入为纁，五入为緅（音 zōu），七入为缁（音 zī）"的复染过程中，也采用了媒染工艺。刘安《淮南子》一书说："以涅染缁，则黑于涅。"涅就是青矾（又称皂矾、绿矾），是一种含硫酸亚铁的矿石。上面所说的三入、五入、七入，就是将已经染成红色（纁）的丝绸，经过涅的媒染处理，染成黑色（缁）。到春秋战国之际，媒染技术已基本成熟。

　　商、周和春秋时期，丝织品的色谱十分丰富，许多颜色的制取和调配首先是用于丝织品的染印。因此，当时许多有关色彩的文字，如红、绿、紫、绛、绀、绯、纁（音 xūn）、缁（音 zī）、缇（音 tí）、緅（音 zōu）、綥（音 qí）、綪（音 quàn）、緗、缘（音 lì）等，都带有"丝"字旁。

三 战国秦汉时期的蚕桑丝织业

战国和秦、汉时期，蚕桑丝绸生产出现了新的社会条件。战国时期，我国由奴隶社会进入封建社会，蚕桑和丝绸生产者逐渐获得人身解放；冶铁、铸铁业的兴起和发展，铁器工具和牛耕的普遍采用，农田水利的大规模兴修，加速了包括植桑养蚕在内的农业的发展和集约化进程；秦始皇统一中国，结束了诸侯割据的局面，推行统一文字、货币、度量衡以及车轨的重大措施，促进了地区之间经济、商业、文化、技术等方面的往来和交流；汉承秦制，并在王朝建立初期采取与民休息、薄徭轻赋、提倡农桑、鼓励商贸等进步措施，对外拓展疆域，巩固国防，积极开展外交活动，扩大同周边邻国和西亚、南亚各国的经济、商贸和文化交流，开辟了举世闻名的"丝绸之路"。所有这些，极大地促进了蚕桑丝绸生产。战国、秦、汉时期，植桑、养蚕、缫丝、织绸、练染生产和工艺技术，都上升到了一个新的高度，越来越多的丝绸被输往国外，丝绸贸易成为对外经济文化交流最重要的内容之一，蚕桑和丝织技术开始向周边国家传播，促进了蚕桑丝绸业在世界范围的发展。

受到高度重视的蚕桑生产

战国和秦、汉时期，蚕桑生产受到政府的高度重视。

进入战国时期，随着蚕桑丝绸生产的发展，蚕桑业日益成为人们衣食和财富的主要来源之一，在齐、鲁等蚕桑业发达地区，蚕的重要性已在"六畜"之上。《管子·牧民》说，"务五谷则食足，养桑蚕、育六畜则民富"。因此，《管子》这本书提出，对百姓中精通蚕桑技术和懂得防治蚕病的人给予黄金1斤、粮食8石的重奖。

秦国从商鞅（约公元前390～前338年）变法开始，即推行"农战"兴国的政策措施，发展蚕桑生产是"农战"的重要内容，并以后妃"亲桑"的形式进行动员。《吕氏春秋·月令》等篇中有后妃率领宫女到公田采桑、郊外养蚕的记载。为了保护和发展蚕桑生产，秦朝律令对偷盗桑叶、破坏蚕桑生产的行为，规定了严厉的惩罚措施，如偷采他人桑叶，价值不足1钱银子的，要处以30天苦役的惩罚。秦朝对蚕桑的重视，还可从秦始皇陵墓的随葬品得到反映。据宋熙宁《长安志》记载，始皇陵的随葬品中有金蚕30箔。随葬金蚕的数量如此庞大，正反映出死者生前对蚕的钟爱和蚕桑生产的高度重视。

汉朝政府对蚕桑生产的重视程度更是空前的。西汉的《氾胜之书》强调，"谷帛实天下之命"，把原来奴隶主和封建主统治者"农桑为本"这一重农思想中的蚕桑地位，提升到了一个新的高度。汉朝统治者为了促进和发展蚕桑生产，设置了被称作"蚕官令丞"的职官，专门负责管理养蚕事务。虽然"蚕官"这个官职在《汉书·百官公卿表》上没有记载，但在近代出土的汉瓦中，有"崇蛹蛓峨"瓦、"□桑□监"瓦，这可能是当年有关蚕桑官署房舍的遗留物，说明掌管蚕桑事务的官署是确实存在的。在汉代，有的地区为了方便城内养蚕户，自由出入采摘桑叶，有养蚕季节通宵不闭城门的惯例，说明地方官府对蚕桑生产的高度重视。

蚕桑的地理分布：战国前，全国多数地区已有蚕桑业，但绝大部分集中在黄河流域，而春秋以前，主要在黄河中游地区；到战国时期，黄河下游的齐、鲁一带成为全国蚕桑业最发达的地区；两汉时期，养蚕业的重心仍在北方，但南方地区的养蚕技术在加速传播，蚕桑区域不断扩大。西汉时，海南岛北部一带已有蚕桑业。《汉书·地理志》载，当地"男子耕种禾稻，女子蚕桑织绩"。东汉初年，湖南桂阳一带也掌握了养蚕技术。《后汉书·卫飒传》说，"桂阳太守茨充教人养桑蚕，人得其利"。蚕桑起源较早的长江上游蜀地，蚕业尤为兴盛。成都、德阳两地汉墓都有"桑园"画像砖出土。成都画像砖上所画的桑园中，还有一高髻妇女正在园内从事劳作。

北方老蚕桑区，在重心逐渐东移的同时，生产区域也在向北、向西扩大。1971年，在内蒙古和林格尔县发现一座汉代壁画墓。壁画中有一幅带桑林的庄园图，有女子正在桑林采桑，还画有筐箔之类的器物。根据壁画推断，现在的内蒙古南部一带，至迟到东汉晚期，已经出现了蚕桑生产。1972年，甘肃嘉峪关市东南40里戈壁滩上的东汉晚期砖墓内，发现大量反映蚕桑丝绸生产的彩绘壁画和画像砖。画面内容有女子采桑、童子在园门外轰赶桑林乌鸦，以及丝帛、丝束、置有蚕茧的高脚盘和有关生产工具等。这说明河西走廊当时不仅是丝绸运输要道，而且已成为蚕桑丝绸生产地。

这一时期，在栽桑和养蚕技术方面，都有明显进步。桑树栽培逐渐集约化，桑树的剪定形式发生了重大变化；对蚕的生理、生态状况有了初步了解，养蚕方面积累了丰富经验。

夏、商、西周时期，栽植的桑树为自然生长形态的乔木桑，春秋、战国时期开始培育人工养成的乔木桑和经人工剪定修整的高干桑、低干桑。桑树培植的这种变化可从战国时期一些铜器上的采桑图得到反映。一只成都出土的战国"宴乐射猎采桑纹铜壶"，壶身和壶盖都绘有正供妇女采桑的各式桑树，有既美观又符合高产养成的乔木桑，也有经人工剪定修整的高干桑、低干桑（见图3、图4）。汉代还开始培育"地桑"。《氾胜之书》关于桑树的播种法说，每亩用桑葚子和黍子各3升混合播种，桑和黍一起出苗，然后锄地、间苗，使桑苗稀稠适当。秋天黍熟时，桑苗同黍一样高，

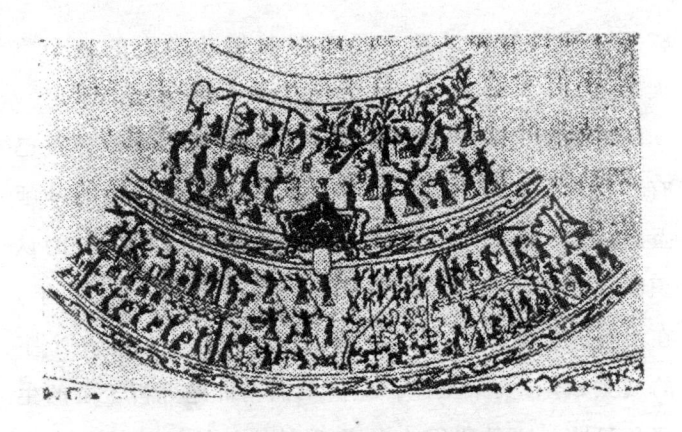

图 3　成都出土铜壶颈部采桑射猎图

颈部采桑图（局部） 　　　　壶盖采桑图

图 4　采桑图铜壶局部图

将黍收割后，将桑苗贴地面割下、晒干，等有风天，逆风放火烧掉。到明年春天，桑苗又会重新长出。1亩桑叶可养蚕3箔。用上述播种法培育出的桑树，就是现在江浙地区普遍栽培的"地桑"。这是我国培育地桑的最早记载。地桑同树桑比较，有许多优点，树桑叶片丛生，叶形较小，采摘不便，且须年年剪枝，至少要第3年才能采摘饲蚕；地桑叶形较大，叶质鲜嫩，播种第2年即可饲蚕，而且采摘方便、

41

省工。从树桑到地桑,是桑树栽培技术上的一个重大进步。

养蚕技术有了新的提高。春秋时期,宫廷养蚕已有专用蚕室和成套蚕具,懂得浴种消毒和忌用湿叶喂蚕。战国、秦、汉时期,人们对蚕的生态和习性的认识明显深化。战国后期的荀况(约前 313~前 238 年)在对蚕的生活史进行细致观察后,写了一篇 169 个字的《蚕赋》,文章虽短,但简明而精辟地分析了蚕的生理和习性。这是我国有关养蚕科技的第一篇论文。文章说明,当时人们对蚕的生理和习性的观察、认识已相当深入。文中有些论述,如说蚕"夏生而恶暑,喜湿而恶雨"的习性特征等,对为蚕创造适宜的生活环境,促进其生长发育,提高蚕茧的产量和质量,有直接指导意义。秦、汉时期,养蚕者针对蚕为夏生、喜温与饱、忌寒和饥的特点,采用密室蓄火、人工加温饲蚕的新方法。这标志着我国的养蚕技术又有了新的突破。

缫丝方面,秦、汉时期最大的革新是沸水煮茧缫丝新工艺的采用。沸水煮茧缫丝,既能使丝胶很快溶解,又能使蚕茧外围膨润、溶解均匀,减少胶着力和落绪茧,避免成丝出现疙瘩,提高了生丝质量。在秦、汉时期的有关论著中,都把沸水作为蚕茧成丝的条件,表明当时沸水煮茧缫丝法已被普遍采用。

缫丝工具除继续沿用原有的手持丝籰(音 yuè)外,战国、秦、汉时期还开始使用一种辘轳式缫丝纴(音 rèn),这就是后来手摇缫丝车的雏形。

蓬勃发展的丝织手工业

战国和秦、汉时期，无论官府还是民间丝织手工业，都获得了蓬勃发展。

战国时期，各诸侯国大都设有官府丝织作坊。湖南长沙战国楚墓有一方"中织宝帗（音 shū，长针）"印鉴出土，说明当时楚国设有"织室"管理宫廷丝织和缝纫生产。各国的丝织工匠大多隶属于封建主。《墨子·辞过》说："女工作文彩，男工作刻镂，以为身服。"意思是女工纺织五彩锦绣，男工刻玉镂金，都是给封建主们做衣服。

秦统一后的官府丝织业机构设置，比前代规模更大，分工更细，除东织、西织两官府的丝织作坊外，还设有锦官、服官两职。官府作坊有严格的师徒制和奖惩条例。

两汉的官府丝织业比秦代更有新的发展。西汉长安未央宫内设有东西两织室，分别由织室令丞管理，主要为宫廷织造丝绢、彩锦和宗庙仪服，一年花费高达5000万，成帝河平元年（公元前28年）和绥和元年（公元前8年）两织室相继省废。但东汉迁都洛阳后，据史籍记载，仍有织室存在。另外，西汉皇室在丝绸集中产地临淄设有"三服官"（三服指春、夏、冬3季的丝绸服装），专为皇室制作绮绣、冰纨、方空縠、吹絮纶等精美丝织品。起初，三服官作坊的丝织物不过10箱，后来不断扩大，到元帝时，三服官作坊各扩至工匠数千人,每年费钱数亿。这既说明皇宫的奢侈靡费,也反映官府丝织业的发展扩大。在另一丝织中心陈留郡襄邑(今河南睢县),皇室也派设服官,雇用大量工匠,专造衮(音 gǔn)龙文绣等礼服。

民间丝织业也有很大发展。

战国时期,山东的齐鲁,河南的陈留、襄邑早已是有名的丝织中心,不仅官府丝织业发达,民间丝织业同样十分兴盛。齐国的丝、麻纺织品行销很广,有"冠带衣履天下"的美名。齐鲁出产的薄质罗、纨、绮、缟和精美刺绣,陈留、襄邑的各色织锦,都闻名全国。秦国、卫国和吴、楚所在长江流域,民间丝织业也都十分普遍。当时各国为了增强国力,争雄称霸,统治者鼓励民间扩大丝织生产。秦国商鞅变法时,规定对生产缯(音 zēng,古代丝织品名称)帛多的免除徭役,从而促进了丝织业的发展。在《韩非子》一书中,有一段"吴起出妻"的故事。楚国大将吴起(?~公元前381年)是卫国左氏(今山东曹县)人,因为妻子织的丝带子的横幅不够法定尺寸,一气之下,就把她赶走了。这段故事从一个侧面反映出当地丝织生产的普遍性和规范化。在长江流域,吴、楚两国还为边境居民的桑树之争打了起来,从一个侧面反映官府对民间蚕桑丝绸生产的重视。

秦统一后,尤其两汉时期,民间丝织业有更大的发展。在汉代,包括丝织业在内的纺织业,是民间存在的最为普遍的手工业,当时有"一夫不耕或受之饥,一女不织或受之寒"的谚语。由于各地植桑养蚕和民间丝织业的普遍发展，绢帛的产量大幅度增长。汉武帝时，主管全国财政的大司农桑弘羊，推行均输、平准等平抑物价的改革措施。由大司农委派均输官和平准官到各郡国掌管均输事务，令各地向均输官交纳贡物。元封四年（公元前107年）这一年，各地以均输名义交纳的绢帛即达500万匹。这从一个侧面反映出当时民间丝织业的发达。

随着民间丝织业的大发展，民间的丝织手工业作坊也逐渐兴起，有的还有相当规模。据《西京杂记》载，大将军霍光的妻子送给宣帝皇后的乳医淳于衍24匹葡萄锦、25匹散花绫。散花绫是河北巨鹿陈宝光的妻子织的。陈的花绫产品很有名。这个陈宝光可能开设相当规模的丝织作坊，其妻子则是织绫能手。

丝织生产的发展，产品数量的庞大，还可从当时书写材料和社会风气等方面的变化得到反映。春秋以前，书、契都刻在竹片上，然后编成竹简。大约从战国时期起，随着丝织生产的发展，开始部分使用丝织物书写和绘画，称为"帛书"、"帛画"。《墨子》一书中即有"书之竹帛"的话。"竹帛"就是竹简和绢帛。到了汉代，帛书数量明显增加，逐渐普遍。长沙马王堆汉墓即有帛书、帛画出土。随着丝织业的发展，社会上也逐渐形成奢华的风气。在汉代，富商大贾"衣必文彩"，社会上"富者绮绣罗纨，中者素绨锦冰，常民被后妃之服"。连寻常百姓都穿过去后妃的衣服，没有普遍的丝织业发展和丰富的丝绸产品，是绝对不可能的。

三 战国秦汉时期的蚕桑丝织业

45

3. 精湛的技术，精美的产品

战国和秦、汉，尤其是两汉时期，丝织生产的工艺技术有长足的进步，丝织机具基本完备并有新的改进，织造工艺更加复杂，产品种类更多，质量、图案、花色更加精美。

从战国至两汉，丝织工具一直在不断改进中。到汉代，全套丝织工具，包括织造准备阶段的络丝、并丝、捻丝工具，都已基本完备。汉代将络丝称作"纺"。当时络丝的方法是将缫丝纴上的丝绞脱下，套在籰丝架上，然后绕到桄（音 guàng）子上。江苏出土的汉画像石上，可以看到当时的络丝器具和操作情形。汉代的卷纬工具主要是手摇纺车。纺车既可卷纬，也可并丝和加捻。纺车又称繀（音 suì）车、轺辘车、轨车和鹿车等，主要由锭子、大绳轮、小绳轮、手柄、纡（音 yú）管等组成。除手摇纺车外，汉代已出现了脚踏纺车。1974年，江苏泗洪曹庄出土的纺织汉画像石上，画有一架脚踏纺车（见图5），这种新型纺车既提高了劳动生产率，又可腾出双手及时处理并丝、加捻、卷纬过程中出现的问题，提高了丝线质量。

汉代的丝绸织机已基本完备，并有多种形制。山东滕县、嘉祥、肥城，江苏沛

图5 汉代画像石上的纺车

县、铜山等都先后发现绘有织机的汉代画像石（见图6）。有关学者根据画像石上的各种织机图，并参照其他资料，进行复原，使我们对当时的织绸机有了直观和深入的了解。当时平纹织机的基本形制是，在一个长方木架的机座上，前端设有机座板，后端斜置一个机架，机架后端竖有两根支柱。机架与水平机座大多成 50°～60°的斜角。因此，通常把这种织机称作"斜织机"。这种结构便于操作者观察织面情况。机架是一个长方形木框，上面配有经轴、卷轴、"马头"状提综杆、将经丝分成上下两层的"豁丝木"（俗称"分经木"）等构件（见图7）。当时的打纬工具有两种：一种是旧式嵌有纡管的砍刀式杼，用它送纬、打纬；另一种是经过改进的梭和筘。梭用来投纬，筘用来打纬。梭、筘的发明应用，是汉代织机的重大革新。它既有效而均匀地控制经丝密度和织物幅宽，又能提高工作效率。

图 6　铜山出土汉画像石中的斜织机

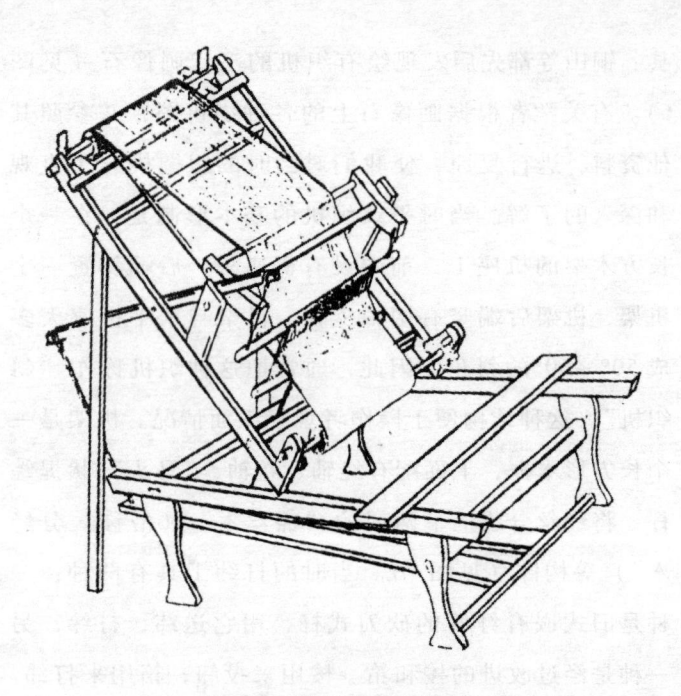

图 7　汉代斜织机复原图

汉代的提花织机也有很大的改进。到战国时，已有靠脚踏板（"蹑"）提沉综片的多综多蹑提花机。到汉代，这种多综多蹑的片综提花机已日趋完备，并有新的改进。随着丝织品精细度的提高和纹样的不断复杂化，许多纷繁复杂的几何、花卉、鸟兽、人物纹样和花纹经向循环较大的丝织品，用一般的片综提花机已经难以织造。在这种情况下，经过改进的束综提花机应运而生。这种新型提花机的特点是，束综通过花楼控制花部经丝的提沉，而由脚踏杆控制地综的提沉。使操作比原来简单。但由于图案复杂，综束数量仍然很大，多的上千束，操作十分艰巨。前面提到的陈宝光的妻子，经过长期的摸索，把原来的综束和操作加以简化，制成了120综、120蹑的提花机。她用这120蹑的提花机，60天织1匹散花绫，价值1万钱。当然，用现在的标准衡量，生产效率仍然是极低的。

战国、秦、汉时期，丝织品的种类和名目极其丰富繁杂。各种史籍中提到的丝绸品名，数不胜数。有按织物组织分类命名的，有按花纹命名的，也有按色彩或加工特征命名的，等等。据统计，东汉许慎所撰《说文解字》中，以织物组织命名的丝织物有19种，以色彩命名的多达35种。

近几十年来，不断有战国、秦、汉时期的丝织品实物出土，各地汉墓中发现的丝织品，更是丰富多彩，令人耳目一新。

湖北随州擂鼓墩战国早期墓和湖南长沙左家战国中期墓，都有丝织品出土。湖北江陵战国楚墓群，出土丝织品数量更大，且大多保存完好，其中马山1号墓更有如一座丝织品宝库，出土的丝制品有裹尸衣15件、丝衾（被子）4床，包括绣、锦、罗、纱、绢、绦等多个品种，质地精美。衣被上用朱红、绛红、茄紫、深赭、浅绿、茶褐、金黄、棕黄等彩色丝线绣出或织出对称蟠龙、凤鸟、神兽、舞人等与几何纹相间的各种图案，构思巧妙，色彩柔和，反映出当时楚国丝织业已达到相当高的工艺水平（见图8、图9）。

出土的汉代丝织品实物更多。其中数量和品种最多的要推1972年发掘的长沙马王堆1号汉墓。出土的丝织品有丝绸46卷、服装58件，仅袍子就有素绢绵

图 8　马山楚墓出土舞人动物纹锦的纹样复原图

图 9　马山楚墓出土动物纹提花针织绦——
我国迄今出土最早的针织品

袍、绣花绢绵袍、素罗绮绵袍、素绫罗袍、朱红罗绮绵袍、黄绣花袍、泥金银彩绘罗绮绵袍、泥银黄地纱袍、彩绘朱红纱袍、红菱纹罗绣花袍等上十种。品种有素绢、素纱、绮、罗、锦、绣绘等，从轻薄的素纱到厚茸的绒圈锦，几乎包括了西汉丝织物的大部分品种。

此外，山西阳高古城堡汉墓群、甘肃武威磨嘴子汉墓群、河北满城中山靖王刘胜夫妇墓、甘肃嘉峪关汉墓、新疆民丰东汉墓、内蒙古额济纳河流域汉代遗址，以及蒙古、西伯利亚、朝鲜等地，都有大量的汉代丝绸出土，其中不少属于稀世珍品，可惜有的已在新中国成立前落入外国人手中。

秦、汉时期，通常用"帛"、"缯（音 zēng）"统称丝织品。《说文解字》将帛、缯互解，说"缯，帛也"，又说"帛，缯也"，把帛、缯同义通用。未经精练的丝织品叫"生帛"，反之叫"熟帛"；有色彩的丝织品叫"彩帛"，而织有花纹的丝织品叫"文缯"。

前面说过，按织物组织和加工工艺，丝织品大致分为绢、绮、锦等3大类，每一类中又分为许多不同的品种。战国、秦、汉时期，绢、绮、锦3类丝织品，花色品种更加丰富，质量更加精美，纹样图案更加繁复，题材和风格更多样化，在几何形的基础上，出现了山水、花草、鸟兽、云气等纹样，并配以文字，互相穿插组合，豪放华丽。从丝织品种类看，纱、罗、绫、锦等最能代表这一时期丝织业的发展变化和工艺水平。

纱本是汉代以前的一种著名丝织品，汉代尤为盛行，质地更加轻薄。长沙马王堆汉墓出土的一件素纱襌（音 dān，单衣）衣，衣长128厘米，袖长190厘米，重量仅49克，还不足1两（见图10）。另一块宽49厘米、长45厘米的纱料，重量仅2.8克。其轻薄程度，可同今天的尼龙纱媲美，足以反映汉代丝织工艺技术的精湛。甘肃武威、内蒙古诺因乌拉以及朝鲜乐浪等地，都有汉纱出土。

由于纱结构稀疏，透气性好，人们将它涂上生漆，充当帽子材料。武威出土的黑色漆纚（音 xǐ）冠纱，经纬均为斜向，交织成菱形孔，外面涂有棕黄色透明薄漆，覆盖良好，实属稀罕之物。马王堆汉墓出土的

图10 马王堆汉墓出土的素纱禅衣

漆缅冠，也就是通常所说的"乌纱帽"，纱的外表涂上髹（音xiū，赤黑色漆）漆，坚挺光亮，即使水浸也不会变形。这是我国古代匠人的重大创造。

汉代还有印花敷彩纱。它是画绘和印花相结合的花纱。马王堆一号汉墓出土的印花敷彩纱，是我国迄今发现最早的印花丝织品实物（见图11）。出土的5种印花敷彩纱，图案新颖，构思独特，色彩鲜明柔和，生气勃勃。这种印花敷彩纱的制作工艺相当繁复细腻，反映出画绘织制工匠高超的技巧。

绮是平纹地上起斜纹花的提花织物。战国、秦、汉时期，绮的色彩和花纹图案都有很大的发展变化。周代以前，绮的色彩一般不超过3色，到汉代，绮的颜色明显增加，当时文献中有"七彩绮"、"七彩杯纹

图11 马王堆汉墓出土的印花敷彩纱

绮"的记载。在花纹图案上，除继续采用商、周以来经丝起花的传统图案外，汉代还出现了一种被称为"汉式组织"的新图案，其特点是，两根组成斜纹组织的长浮线经丝之间，夹着一根一上一下的平纹经丝。由于斜纹组织的经丝浮长线可遮住两旁相邻的平纹组织点，故不影响斜纹花的外观。这种"汉式组织"的汉绮，在我国新疆民丰尼雅、罗布淖尔，以及叙利亚的帕尔米拉等地均有发现。在马王堆汉墓和新疆民丰等地，还出土了菱形几何纹镶嵌写意鸟兽、葡萄等动植物图案的汉绮实物，风格独特（见图12）。

罗是一种经丝相互有规律地绞经而形成网纹的丝

图 12　马王堆汉墓出土的对鸟纹绮

织物。罗的经丝分为绞经和地经两种，通过绞经、地经的绞合，形成有规则的网眼。罗与纱、绮、锦等不同，经丝不呈平行状态，从织物表面观察，也没有纵横条纹。

战国、秦、汉时期，罗的结构和组织方面都有较大的发展变化。

罗分素罗和纹罗两种。素罗是指没有花纹的罗。根据参加绞缠的经丝数量不同，素罗一般又分为二经绞罗和四经绞罗。汉代的二经绞罗出现了一种变化组织，即绞经轮流同左侧及右侧的地经相绞。这种新型组织使织物结构具有更加稳定的优点。四经绞罗是以4根经丝为一组相互绞经、与纬丝交织而成。在战国和汉代墓葬中，均有四经绞罗出土。

纹罗（或称花罗）是地纹上起花的罗织物。即在织造时，绞经综外再加提花综配合，使织物的地部和花部呈现不同的网状纹。汉代文献多处提到"文（纹）罗"。当时的纹罗结构大多是以四经绞罗作孔眼较大的地纹，而以二经绞罗起花，花纹多为菱形。马王堆一号墓出土的纹罗就有朱红菱纹罗、烟色菱纹罗、耳杯菱纹罗等，湖北江陵汉墓、河北满城汉墓、甘肃武威、新疆民丰以及蒙古、朝鲜等地，都有汉代菱纹罗出土，说明菱纹罗在当时十分流行。

锦是彩色经丝或纬丝用多重组织织成美丽多彩的丝织品。织造工艺最为复杂，是古代丝织工艺最高水平的体现。锦产生于西周，战国后迅速发展，到汉代更是大放异彩。出土的汉代织锦品种、数量远远超过其他高级丝织品。

战国、秦、汉时期的织锦有一个共同特点，即图案是两色以上的经丝交替换层来显示的，所以通常称为"经锦"。经锦又分为二色经锦和三色经锦两大类。长沙左家塘，湖北江陵、随县的战国墓，长沙马王堆、河北满城的汉墓，都有二色经锦或三色经锦出土。

织锦的花纹图案在各类提花丝织品中是最复杂和丰富的。战国、秦、汉时期更有新的发展。

战国时的几何纹样已超越春秋以前那种轴对称的菱形云雷纹格局，并出现了"对龙对凤"的动物纹图案，开创了织锦纹样表现龙凤艺术的新阶段。湖北江陵战国墓出土的织锦，纹样达十多种，图案由龙凤、麒麟等瑞兽和舞人组成，整个图案横贯全幅。这种大花纹经锦的出土，否定了过去人们一向认为战国时期仅有小花纹经锦、通幅大花纹经锦起源于东汉的说法。

汉代随着丝织生产的大发展，尤其是提花机的改进和提花技术的提高，经锦的花纹图案更加丰富多彩。动物纹样以龙凤辟邪、珍禽怪兽、虎豹玄鸟为主，同时配以飘渺的云气，表现出一个人神交融的世界；植物纹样则以各种花草作为几何纹的衬托，成为以后花草植物纹样的先河。到东汉，在动植物和几何纹样中，往往夹有各种铭文、吉祥语汉字，如新疆民丰出土的"万世如意"锦，罗布淖尔东汉墓中出土的"延年益寿大宜子孙"锦、"长乐明光"锦、"登高明望四海"锦等。在俄罗斯西伯利亚地区，也发现了汉字图案锦。

在锦类织物中，汉代还出现了起绒锦。当时把这种新出现的丝织品称为"纯"（音 máo）。宋《广韵》对纯的解释是："纯，绢帛起毛如刺也。"起绒锦的基础组织和其他汉锦相同，但花纹具有立体效果。迄今发现最早的起绒锦实物是马王堆西汉墓出土的绒圈锦。这种起绒锦织物表面以环状绒圈显示立体感矩形图案，从而突破了织锦仅以色彩显花的传统。绒圈锦的工艺也更为复杂，是对织锦的重大创新和发展。

4 练漂印染工艺及其发展

战国、秦、汉时期，官府内专门设有练漂印染作坊。西汉时，未央宫有"暴室"，是主管宫廷丝织品练染的机构；东汉设有"平准令"，除主管物价外，还管练漂染色；表明当时统治者对练染生产十分重视。民间的练染生产也十分普遍。

秦、汉时期，丝绸练染工艺有明显变化。战国前，丝绸脱胶、漂白的基本方法是浸练和水漂。到秦、汉时期，丝绸的练漂方法大多改为煮练和捣练。通过煮练提高温度，加快了丝绸的脱胶速度，提高了功效。精练时还采用杵槌捣丝的方法，使丝帛脱胶更为彻底。这是丝帛精练技术的一种发展。长沙马王堆出土的西汉丝织物手感十分柔软，质量异常精致，同汉代精练技术发展、丝纤维含胶量较少直接有关。

染色方面，汉代的色谱更加丰富，染色和配色技术都达到了较高水平。汉代又出现了许多新的色彩名，西汉史游《急就篇》提到的色彩，按色谱名分类，已达20余种。东汉《说文解字》中收入的丝织品色彩名，有30余种之多。从出土的丝织品实物看，长沙马王堆西汉墓出土的丝织品和其他染色织物，也有30多种颜色。新疆民丰东汉墓出土的"万年如意"等字锦，所用的丝线颜色达10余种。这些染色丝织品，经历了2000年的漫长岁月，不少仍然鲜艳如初。这些都充分反映了当时配色、染色技术的高超。

在古代，颜色一直是被用来区别尊卑贵贱的一个重要标志。秦汉以前，黑色被认为是一种低贱的颜色。西周时，黑色只能用作奴隶和平民的服色。当时将奴隶称作"黎民"，"黎"含有"黑色"的意思。秦统一后，按照"五德相胜"说，认为秦灭周，是水德克胜火德，而水德呈黑色。因此，秦始皇崇尚黑色，衣服、旌旗都用黑色。西汉初期，沿袭秦制，崇尚黑色的社会风气仍然盛行。汉文帝身穿"弋绨"（黑绸），文武百官上朝都着黑色"禅(音dān,单衣)衣"。到东汉后期,黑色的地位下降。达官显贵都穿红着紫,只有下级官吏才穿黑衣。

由于崇尚黑色,秦、汉时期,黑色被大量用于丝绸染色。染色工艺也很讲究,并有新的发展。除继续沿用战国前原有的青矾媒染外,到东汉末年出现了用人造铁浆(又叫"铁华")代替青矾作媒染剂的新工艺。据后来的记载,人造铁浆的制作方法,是在光洁无锈的钢板上洒以盐水,再放入醋(或泔水)缸,埋于阴暗处,百日后,钢板的表面形成一层外衣,就是"铁华"。根据近代化学分析,铁华是醋和铁发生反应而生成的醋酸铁或醋酸铁与乳酸铁的混合物,是一种优质媒染剂,其有效成分比青矾更纯,对纤维的损伤更轻,一直为后代所采用。

丝织品的型版、颜料、夹缬(音xié)、蜡缬等印花工艺普遍兴起,并迅速发展。

我国古代布帛的型版印花,最迟在春秋战国之际已经出现。迄今发现最早的印花织物,是1979年江西贵溪春秋战国崖墓出土的一块双面印花苎麻布。到秦汉时期,型版印花普遍应用于丝织品的着色。

印花型版分为凸纹版和镂空版两种。凸版印花是利用平整光洁和木纹细密的木板或其他类似材料,雕镂凸形花纹,在凸起部位涂刷色浆,再压印在经过精练和平整处理的丝织物上。镂空版印花是将型版花纹镂空,将镂空版压放丝织物上,在镂空处直接刷上色浆,即成白地色花的印花制品。如果在镂空处刷上防染性粉浆,并放入染缸浸染,涂有防染性粉浆的花纹部位不能着色。再将防染性粉浆刮去或洗去,即成色地白花的印花制品。上面说的夹缬即是镂空版双面印花,属于镂空版印花工艺的一种。具体方法是将丝织物紧夹于两块镂空型版之间,在镂空处涂刷或喷洒色浆。如将丝织物对折为双层紧夹于型版间,则能印得左右对称的均齐花纹。夹缬印花工艺自从秦、汉之际出现,很快推广开来。据宋代高承《事物纪原》载,"夹缬秦汉间始有,陈梁间贵贱通服之"。

  型版印花一般为单色,也可二色、三色。通过多版套印,则可印制更多种颜色,还可同画绘相结合,使织物的花纹和图案色彩更加逼真和丰富多彩。长沙马王堆西汉墓出土的几件印花敷彩纱,即采用了印花和彩绘相结合的着色工艺,并使用多块型版套印。印制的工艺过程相当繁复,如其中一件由藤蔓、叶片、花穗、蓓蕾等组成花纹图案的印花敷彩纱,有朱红、银灰、粉白、墨黑等几种颜色,印花颜料有五六种之多。印花时,先将颜料与黏合剂调配好的灰色浆料涂至印花板上,在织物上印出灰色的藤蔓底纹。叶片、花穗、蓓蕾等则用画绘的方法描绘而成,谓之"敷彩"。总共要经过7道工序。整个图案线条流畅,生动活泼,细腻入微。这种印花与敷彩相结合的工艺虽是西汉才创始的,但出土实物表明,当时已经相当熟练地掌握了印染涂料配制和多版套色印花技术。

蜡染印花工艺是西南兄弟民族大约在秦、汉之际创造的,不久传入中原,用于绢帛印花,故称"蜡缬"。印制方法主要用蜡刀蘸取蜡液在绢帛上绘好花纹图案,使蜡绘起到防染的作用。蜡绘干燥后,即可投入常温靛蓝染液中浸染。染后用沸水去蜡,即得蓝地白花的染印效果。浸染可在丝织物处于绷挺状态下进行,也可在松弛状态下进行。后一种情况,因丝织物皱折,导致蜡膜龟裂,渗入少量染色液,形成无规则的"冰纹",可获得别具一格的工艺效果。

战国、秦、汉时期,随着丝绸和其他纺织品染印手工业的发达,染料、颜料的种类和数量明显增加,植物染料的人工种植进一步扩大,并出现了具有相当规模的商品性生产,矿物和植物染料的制取技术也有新的发展。

这一时期新增加的染料,矿物颜料有白色颜料白云母(绢云母)、胡粉,黑色颜料石墨。朱砂(丹砂)的生产也明显扩大,有人因世代采掘朱砂矿而成巨富。西汉后,随着炼丹术的成熟和传播,又开始了朱砂的人工合成。长沙马王堆出土的丝织品,大量使用上述矿物颜料。植物染料方面,新增加的品种,主要是红色染料红花和黄色染料栀子。红花又叫红蓝花,原产于我国西北,张骞出使西域时引入中原,此后在中原各地逐渐种植推广,成为一种重要的红色植物染料。栀子种植也很广,《史记·货殖列传》记载,有人种植的栀子、茜草面积达上千亩,其财富和社会地位可以同"千户侯"相比。

丝织品外输和"丝绸之路"

我国古代的丝织品除满足国内统治阶级和市场需要外，很早就开始以各种方式输往国外。

早在公元前5世纪，希腊历史学家就有关于中国丝绸和丝绸贸易的记载，希腊和其他一些欧洲人已知道中国的丝绸，把中国称为"丝国"。近几十年来，在欧洲和中亚一些地区，相继有早期中国丝绸实物或同丝绸有关的历史文物出土。德国南部一座公元前500多年的古墓中，发现古尸骨骼上沾有中国丝绸衣服的残片；前苏联阿尔泰地区公元前5世纪的古墓群中，出土了大量中国丝织物，既有普通平纹织物，也有提花织物和丝绣品。希腊出土的考古文物中，公元前6世纪的赤绘陶壳上的女子像所着服装，公元前5世纪象牙板雕刻的"阿芙罗狄蒂"，上身穿着透明衣服等，据考证，其手法都是表现轻薄的中国丝绸服饰。

这些历史记载和出土文物都说明，最迟在公元前5世纪以前，即春秋后期，中国丝绸已经向西传到了欧洲。据说到公元前5世纪后半叶，中国产的蚕丝已出现在波斯市场上。

我国史籍上最早记载丝绸贸易的是成书于战国时期的《穆天子传》。这本书有一部分内容反映了春秋、战国时期中原商队西行贸易而假托周穆王游巡所见风物。中原商队西行沿途中，丝绸交易一次动辄"百纯"、"三百纯"（纯，匹端名），西行路线是经新疆，越葱岭（帕米尔），西达中亚吉尔吉斯旷野，其中有一大段就是后来"丝绸之路"的南线。而大致同时的希腊史籍所载黑海周围地区商人东来的路线，东段则是后来"丝绸之路"的北线。

《史记·货殖列传》也有关于西汉以前中原丝绸西传的记载。有个叫乌氏倮（音 luǒ）的牧人，看到中原丝绸在西域游牧民族中十分走俏，于是将自己成群的牲畜卖掉，搜求珍奇的丝绸，献给当地的羌族首领。首领给他10倍的报偿，得到的牛马牲畜，多得只能用山谷来计量，并受到秦始皇的封赏，等同列侯。这说明秦代以前，西北边疆地区的丝绸贸易还不是经常性的。

汉代，随着社会经济和蚕桑丝绸生产的蓬勃发展，加上封建帝国政治、军事上的强大，丝绸输出贸易的规模和地区迅速扩大，并开辟了闻名古今中外的"丝绸之路"。

秦、汉之际，北边的匈奴迅速强大，对汉帝国构成严重的威胁。汉高祖刘邦在出兵北征不能取胜的情况下，为了保持边境的安宁，对匈奴采取和亲、馈赠和缔约的方法。馈赠的主要物品是丝绸，每年都有定数，质量自然也是最好的。除每年额定输送的丝绸外，还有临时馈送。而且，随着汉帝国国力渐衰，临时馈送的丝绸数量不断增多，从文帝前元六年（公元前174年）的一次120匹增加到哀帝元寿二年（公元前1年）的一次84000匹。整个汉代，通过"馈赠"的方式而外输的丝织品，数量相当可观。

当然，更多的丝绸外传是通过边关贸易和输出贸易。

在北边汉匈边境，文帝、景帝时，应匈奴的要求，在长城险要关卡处设有"关市"，丝绸是关市交易的主要商品。东北同乌桓、鲜卑之间也设有关市。

在南边，中国丝绸至迟在公元前4世纪已输入印度。输入的路线约有5条：即西域道、西藏道、缅甸道、安南道和南海道。5条路线中，以缅甸道开辟的时间最早。这条丝路由长安、咸阳开始，经成都、宜宾，西出雅安，再经永昌（今云南保山县），最后到达缅甸和印度。印度公元前4世纪的史籍中，已经提到"中国成捆的丝"。说明当时中国的丝绸已进入印度。

在西边，中国向西域和欧洲的丝绸输出，在秦代以前已经开始。西汉初年，通往西域的道路被迅速崛起的匈奴阻隔了。汉武帝（公元前140～前87年）时，派遣张骞两次出使西域，经历千难万险，第一次历时13年，使团100多人，生还者仅2人。第二次300多人，带牛羊1万头，金币绢帛"数千巨万"，作为馈赠礼物，加上当时汉王朝军事上的强大和胜利，张骞第二次出使获得成功，打开了中原同西域之间的通道，开始了同西域各国的商贸和文化交往，闻名古今中外的"丝绸之路"也就逐渐形成。

这条"丝绸之路"，东起汉帝国都城长安，经甘肃武威到敦煌，然后分为南北两路：南路出阳关沿昆仑山脉北麓，经楼兰（今若羌东北）、于阗（今和田）、莎车等地，过帕米尔（葱岭），到大月氏（音 zhī）的巴尔赫（今阿富汗境内）、安息（即波斯，今伊朗）的马鲁，再往西可达条支（今伊拉克）和罗马帝国；北路出玉门关，走高昌（今吐鲁番）、沿天山山脉南侧，经龟兹（今库车）、疏勒（今喀什），过大宛（今乌兹别克的费尔干纳）、康居（今撒马尔罕）等，最后经安息到达罗马帝国（见图13）。

图13 汉代"丝绸之路"简图

从汉代到整个唐代的近千年间，这两条通道一直是丝绸运销和中西经济文化交流的大动脉。沿途有士兵、农民屯田耕垦，官府的邮车驿马，往返驰奔，中外商贾客贩，每天都在沿途要塞从事各种买卖，丝绸的交易量，每次动辄以千百匹计。到处呈现一片繁荣兴旺的景象。

20世纪50年代后，"丝绸之路"沿线的许多地方，如武威、敦煌、楼兰、吐鲁番、和田，以及前苏联境内的奥格拉格提等地，先后出土了两汉时期的绢、纱、罗、绉、绫、锦等各种丝织品，给我们今天考察当年"丝绸之路"上的丝绸贸易和我国古代丝绸生产提供了珍贵的实物资料。

除了陆地"丝绸之路",当时还有一条海上"丝绸之路"。《汉书·地理志》上有关于海上"丝绸之路"的记载。秦、汉时期,广东沿海地区的人民已"好桑蚕织绩",现在广东雷州半岛的徐闻和广西的合浦,已发展成为贸易口岸。中国海船从两地出发,带着黄金和丝绸,前往东南亚一带贸易。书中对当时的贸易路线和航程作了介绍,据说从徐闻或合浦出发,行船5个月,可到都元国(今越南岘港),又行4个月到邑卢没国(今泰国叻丕),再行船20多日到谌离国(今缅甸丹那沙林)、夫甘都卢国(今缅甸卑谬)和黄支国(今印度康契普拉姆),然后从己程不国(今斯里兰卡)返航。经皮宗国(今印尼苏门答腊)回国。这就是通常所说的"南海丝绸之路"。近年来,在这条"丝路"起点的合浦西汉墓中,发现大量的琉璃、珠玉、玛瑙、水晶等物,可能就是用丝绸交换来的东南亚各国特产。

南北丝绸之路,不仅是中国同西亚、欧洲,中国同南亚、东南亚各国之间丝绸运销的交通线,给这些地区的人民送去了华贵的丝和丝织品,美化了他们的服饰和生活,加速了这些地区的文明进程,有的地区甚至跨越几个发展阶段,从赤身裸体一下飞跃到穿着华贵的丝绸"干漫"(筒裙),而且还传去了蚕桑种子和养蚕织绸技术。

我国的蚕桑技术首先传到朝鲜,接着从朝鲜传入日本，南边则传入印度和东南亚各国。印度尼西亚的史学家说："我们的祖先是向中国学习用蚕丝织绸的。"在西方，罗马和波斯最早从中国学会了丝织技术。东汉时，罗马帝国已能织造适合当地风格的"胡绫"。另外，通过"丝绸之路"还传去了中国的炼钢术、打井术等文化技术，促进了这些地区社会经济和文化技术的发展。

当然，交流是双向的。通过"丝绸之路"，我国也引进和吸收了其他国家许多有益的东西，包括葡萄、苜蓿、蚕豆、石榴等植物品种和马匹良种，印度佛教哲学、希腊罗马的绘画以及乐曲乐器等思想文化，丰富了我们的物质和精神生活。丝绸贸易的范围和影响远远超出了丝绸本身。

四 三国至隋唐五代的蚕桑丝织业

　　三国至隋、唐、五代的740年间，是分裂与统一交替、民族冲突与融合并存的历史大变动时期。东汉末年后，相继出现三国鼎立，两晋、南北朝近360年的封建割据和南北分裂局面。这一时期黄河流域和北方地区战乱频繁，社会经济遭受严重破坏。蚕桑丝绸生产的情况比较复杂，既有遭受战争摧残的一面，也有发展的一面，包括部分地区或一段时间丝绸产量的增长，植桑养蚕和丝织技术的进步。南方地区则相对安定，战乱较少，加上北方部分士族和居民为躲避战祸迁往南方，使这一地区的蚕桑丝绸业有了较快的发展。

　　隋朝的建立，结束了南北分裂的局面，实现了全国统一。隋代历史虽短，仅37年，但实现和巩固了统一，迅速恢复了被破坏的社会经济，给唐代的发展打下了良好的基础。唐代是中国封建社会的鼎盛时期，出现了历史上有名的"贞观之治"和"开元盛世"，蚕桑丝绸生产加速推广，无论产量、质量，还是工艺技术水平，都达到了前所未有的高度。中唐以前，蚕桑丝绸生产，无论产品数量还是生产技术，黄河流域仍占绝对优势。安史之乱后，中原混乱，东南偏安，社会经济和蚕桑丝织生产重心开始南移，江南逐渐发展成为全国丝绸的重要产区。五代十国时期，位于江浙一带的吴越国，蚕桑丝织生产又有长足的发展。不过总的来说，这时丝织生产的重心仍在北方。

蚕桑生产及其技术进步

蚕桑生产作为一种农家副业，在三国至隋、唐、五代时期得到进一步的推广。这可以从封建政权不断加强对丝绸实物税的征收反映出来。

汉末以前，早有丝绸实物税，但限于部分地区。到汉末，曹操实际控制政权后，于献帝建安九年（公元204年）创立"亩课田租、户调绢绵"的新税法，规定每亩征缴田租4升，每户缴纳绢2匹、丝绵2斤。绢绵成为农民的普遍负担。经三国到西晋统一后，继续推行曹操创立的绢绵户调制，每户税额增加到绢3匹、绵3斤（无丁男户减半），征收地区则扩大到包括边远郡县在内的全国各地。南北朝时期，南北两地都普遍征收丝绸实物税，北魏起初税额较轻，每户纳绢1匹，绵1斤，不久即增至帛2匹，絮、丝各1斤。以后帛更增加到3匹，而且预征2匹。南朝丝绸是按丁征收。规定丁男纳布、绢各2丈，丝3两，绵8两，禄绢8尺，禄绵3.2两。税额本已十分苛重，有时租米、禄米还要折成绢帛征收，有的只得高价购买丝绸顶租，甚至被迫卖儿卖女，弃家外逃或上吊自杀。

隋、唐两代都实行均田制，同时按照农户受田情况征收丝绸实物税。隋代一对受田夫妇，缴纳租粟3石，桑地纳绢绝（音shī，粗绸）1匹，绵3两。唐代均田法规定，丁男给田1顷，岁征粟2石，调则随各地乡土所产，纳绫、绢、绝各2丈，外加绵3两。除户调外，唐代还有各地向朝廷上贡绢帛的制度，这是税外之税。名义上每州以绢50匹为限，实际上远远超过这个数目。

封建政权普遍征收丝绸实物税，是以这一时期蚕桑生产的普遍发展为前提的。不仅植桑养蚕业的地区扩大，而且在一个地区内，兼有蚕桑副业的农户比重进一步增加。同时，强制性的丝绸实物税征收，又逼迫农民从事和扩大蚕桑生产，客观上促进了蚕桑业的发展。如五代时，楚国的蚕桑生产本不发达，后楚王马殷（907～930年在位）"命民输税者皆以帛代钱"，强制推行绢帛实物税，据说"未几，民间机杼大盛"。

为了保证和增加丝绸实物税的征收，封建政权和部分地方官吏采取了"劝课农桑"的政策措施，有的取得了成效。三国时期，魏、蜀、吴都十分重视蚕桑生产，三国的蚕桑业均有所扩大。史书记载，有一次曹操率将士千人路过今河南新郑，没有粮食，当地百姓将储存的干桑葚献了出来，使将士免于饥饿。由此可见当地桑林面积之大。曹魏末年，太行山东南的野王县桑田多达数万顷。蜀、吴两国所在的四川和江南

69

地区，蚕桑区域也明显扩大。

蚕桑业的地区分布，在这一时期，蚕桑生产的重心仍然在长江以北的黄河中下游地区，这一地区植桑养蚕最为普遍，蚕桑生产技术也比长江流域和其他地区高。《唐六典》和《元和郡县志》两书所载唐玄宗开元年间（713～741年）贡赋丝绵和丝织品的州府，大部分集中在黄河流域地区，桑树和蚕种的质量最好。唐初最好的家桑是山东的"鲁桑"。江南地区的蚕种也有不少是从北方地区贩运。所以，唐太宗李世民派监察御史萧翼，到越州山阴县（今浙江绍兴）侦访东晋大书法家王羲之的《兰亭集序》真迹，就是装扮成从北方买进蚕种到浙江贩卖的穷书生，作为掩护。

长江流域的蚕桑生产，这一时期有了更快的发展。东汉末年黄巾大起义后，北方地区长期处于战乱状态，北方居民纷纷南迁，躲避战祸。从汉末到东晋，南迁的人口总数约在百万以上，为地广人稀的南方地区增添了劳动力，也带去了北方先进的生产技术，加快土地的开垦和蚕桑生产的发展。南朝文学家沈约（441～513年），曾称誉地处长江中下游的荆扬地区"丝绵布帛之饶，覆被天下"。长江上游的巴蜀一带，早在三国时期，已发展成为重要的蚕桑产区。隋、唐、五代时期继续发展。唐末、五代时，四川地区还兴起了一种庙会形式的蚕市，市上桑苗买卖红火。史书记载，前蜀王王建曾登楼台观望蚕市，见买桑苗的人不少，对左右说："桑栽甚多，倘税之，必获厚利。"由此可见当时巴蜀地区蚕桑生产的兴盛。

长江下游地区的植桑养蚕业更在加速发展，有的已赶上并超过北方。太湖流域一带，安史之乱后，已经号称"茧税鱼盐，衣食半天下"。五代十国时，北方战火连绵，北方居民继续南迁。江南偏安一方，地处江浙的吴越国，颇为重视蚕桑生产。吴越王钱镠说："世方喋血（音dié，喋血，流血满地）以事干戈，我且闭关而修蚕织。"隋、唐、五代太湖流域蚕桑生产的长足发展，为后世奠定了基础。

除了黄河和长江流域，岭南和西南、西北、东北等边远地区的蚕桑生产，也有明显发展。

广东、广西沿海地区，秦汉时期已经植桑养蚕。隋、唐时期，蚕桑区域扩大，广西北部桂林等地也都普遍养蚕，而且多化性蚕的饲养有所发展。晚唐著名诗人张籍《桂州》诗中，"有地多生桂，无时不养蚕"之句，说的就是多化性蚕。韩愈《潮州祭神》文中也提到广东饲养多化性蚕。

西南边远地区，三国时，诸葛亮采取安抚蛮夷、移民实边和促进民族融合的措施，把内地先进的农业和蚕桑技术带到四川南部和云贵地区，使那里出现了蚕桑生产。据晋代《华阳国志》记载，地处僻远的永昌郡（今云南大理及哀牢山以西地区）也已土地沃腴，有蚕桑绵绢之利。

西北地区，甘肃河西一带，魏、晋时已开始大量栽桑养蚕。酒泉、嘉峪关等地魏晋壁画墓中，出土了不少以蚕桑生产为题材料的壁画，如采桑图、桑园图、护桑图、绢帛图等。采桑图中还有少数民族妇女形象，说明蚕桑生产已扩大到西北少数民族地区。大约在3~4世纪，蚕桑生产已推广到新疆地区。到5世纪前后，新疆的蚕桑生产已相当兴盛了。

东北辽宁地区，4世纪也开始出现蚕桑生产。西晋末年，辽东地方鲜卑族首领慕容廆（音wěi）招徕流亡晋人，直接从江南引入桑种，令当地居民栽植。5世纪初，北燕首领冯跋（409~430年在位）在辽宁地区进一步推广蚕桑生产，令百姓每人栽桑100棵、柘20棵。植桑养蚕在东北地区逐渐发展起来。

三国至隋、唐、五代时期，随着蚕桑生产的进步推广，植桑养蚕技术有了新的提高。

桑树繁殖和栽培，过去用种子播种。南北朝时期，除继续用种子繁殖外，出现压条繁殖法。后魏贾思勰的农学名著《齐民要术》总结和记述了这一方法，并已认识到压条繁殖，桑苗的生长比播种繁殖更为迅速。桑树的品种方面，三国以前尚未见到有关桑树品种的记载，而《齐民要术》中已明确提到荆桑和鲁桑。鲁桑是山东一带被驯化、培育出来的桑种。由于长期不同的驯化和选择条件，鲁桑产生分化和变异，又有黑鲁、白鲁之别，形成鲁桑系。鲁桑是一个优良桑种，当时有"鲁桑百，丰锦帛"之谚。唐末韩鄂的《四时纂要》，同时提到鲁桑和白桑，并说"白桑无子，压条种之"。在唐代，白桑逐渐得到重视和开发。

养蚕技术方面也有很大提高。两晋、南北朝时期，人们对蚕的品种、习性、繁殖和生长规律有了更全面和深刻的认识。当时有不少著作总结了有关养蚕方面的知识和技术。《齐民要术》分别按照蚕的体色斑纹、饲养或繁殖时间以及蚕茧等，对蚕进行了分类，详细记载了当时北方常见的蚕名。魏晋之际的哲学家杨泉在《蚕赋》中，简明扼要地阐述了饲蚕的全过程和几个重要环节，并强调了蚕室的朝向、通风条件。在南方，晋人郑辑之所撰《永嘉郡记》中，阐述永嘉（今浙江温州地区）八辈蚕及其相互之间的亲缘关系。选种和制种技术也都有了新的进步。选种时已注意到产丝量和产种量，发明和掌握了用温度调节蚕种孵化时间。在饲养过程中，对桑叶、温度、湿度和蚕具等，都比以前更加讲究，蚕室的环境卫生也越来越受到重视。唐代有一首《蔟蚕词》是描写春蚕丰收景象的。其中有这样两句："但得青天不下雨，上无苍蝇下无鼠"。蚕室整洁卫生，没有苍蝇、老鼠，是取得蚕茧丰收的重要前提之一。

官府和民间的丝织生产

从三国到隋、唐、五代，都有庞大的官府丝织机构。

三国时期，魏国在尚方御府下设有丝织作坊，生产者多是后宫宫女。蜀国除官府作坊外，还官雇民机进行色织，设有锦官专门管理成都织锦生产。吴国在御府下设有织室，由宫女从事锦绣等丝织品的生产，以供皇室之用，而且规模不断扩大。景帝孙休时，丝织宫女不到百人，到其儿子孙皓接位后，增至千余人。

两晋、南北朝时期，两晋的尚方设有丝织作坊。东晋时的北方十六国中，大都有官府丝织生产，其中以后赵石虎的官府丝织作坊规模最大，由尚方御府主管，下面分设织锦、织成两署，各有"巧工"数百人。两晋以来，由于北方居民大量南迁，为南方丝织业的发展提供了劳力和先进技术，使南朝各朝的官府丝织业得以充实和扩大。各朝设有"锦署"，制作宫廷服物，生产者多为抄没的罪犯奴婢或特养的所谓"巧工婢"。北朝北魏的官府丝织生产规模相当大。拓跋珪攻占中山郡（今河北定县等地）时，曾将百工巧匠十余万口迁至京师平城（今山西大同），设置细茧户、绫罗户、罗縠户等，按军事编制进行丝织生产。太武帝拓跋焘时，织造绫锦的宫内婢多达千余人。东魏、北齐、西魏、北周的官府丝织生产，基本上沿袭北魏制度，但组织和分工更加细密。如北齐，由太府寺总管各种官府手工业，下设中尚方令和司染令，分别掌管丝绸的织造和练染。中尚方下面又有领丝局、泾州丝局、雍州丝局、定州䌷绫局四局丞；司染署领有京坊、河东、信都三局丞。先在各地收丝，然后在京都中尚方和定州集中织造。染色也有专门固定地点。

隋、唐、五代时期，隋代太府寺设有司染署，掌管丝绸染织生产。隋炀帝分太府寺为少府寺监，下设织染署，掌管官府丝织业。唐承隋制，但机构增多，分工更细。织染署下面设有25个作坊，从事机织、编织、纺纱、练染4个方面的生产。除布、褐两作坊外，其余23个作坊都同丝绸生产有关。绫锦等丝织作坊共有工匠"巧儿"365人。除少府监下的织染署外，唐代还有属于内作使、掖庭局的官府丝织机构。内作使有绫匠83人，掖庭局中有养蚕、织作、缝纫等丝绸生产，仅绫匠就有150人。生产者主要来自犯罪奴婢。另外，贵妃院、两京以及各州地方，均有官设丝织作坊。贵妃院的织锦、刺绣工匠多达700人。唐朝的官府丝织生产规模，远远超过了前代。

唐代官府丝织作坊的工匠，除犯罪奴婢外，初期主要征调身强工巧的手艺匠，每年轮番到官府作坊服役，叫做"短番匠"。有专长的工匠也可长期应役，而获得不愿服役的应番工匠缴纳的代役金，作为报酬。这些匠人被称为"长上匠"。官府作坊中的生产者还有"和雇匠"、"明资匠"或"巧儿"。这是官府雇用的工匠，雇期长短不一。"和雇匠"雇期较灵活，"明资匠"相对固定。中唐以后，番匠渐少，募雇匠渐多。

在官府丝织业不断扩大的同时，民间丝织业也有了长足的发展。

这一时期，南北各地，尤其是南方地区植桑养蚕明显扩大，为民间丝织业发展提供了丰富的原料。封建政权推行征收绢帛实物税和贡赋政策，更对民间丝织业的发展形成一种强制性的推动力量。为了缴纳绢帛户调和贡赋，那些原来没有植桑养蚕的农户，不得不植桑养蚕；原来不缫丝织绸的农户，不得不缫丝织绸。民间丝织生产在区域范围和农户比例上都明显扩大了。当然，由于某些条件的限制，总有一部分农户不可能自己植桑养蚕和缫丝织绸，他们必须从市场上购买丝帛，以缴纳户调和贡赋，这样，绢帛实物税又促成了民间丝织商品生产的发展。

三国、两晋、南北朝时期，民间丝织生产已经相当普遍。三国时的蜀国，把发展织锦生产作为富民强国的根本大计，官府和民间的织锦生产都迅速发展。当时的成都，以及川南和云南一些少数民族地区，不少人都从事织锦生产。成都还出现了一批有相当规模的织锦手工业作坊。西晋左思《蜀都赋》形容说，"技巧之家，百室离房，机杼相和，贝锦斐成，濯色江波，斑烂绚丽"。意思是说，有着高超绝技的织锦户，机房鳞次栉比，织机声响成一片，贝壳纹织锦斐然成匹，在江中漂练时，五彩斑斓，绚丽异常。

北方地区的民间丝织生产也十分普遍。魏、晋、南北朝时期虽然受到战乱的破坏，但仍保持相当规模，部分地区还有所发展。蚕桑丝织技术最发达的地区逐渐转移到太行山以东的河北平原。西汉曾在临淄和襄邑设服官，两地的丝织品远近闻名。到魏、晋时，河北一些地区丝织品的知名度已赶上临淄和襄邑。西晋左思《魏都赋》把清河缣总、房子（今河北高邑）绵纩、朝歌（今河南淇县）罗绮和襄邑的锦绣并提。北朝时期，由于官府不许民间蓄养工巧技艺之人，并且把大量织绸工匠掳掠到官府作坊，或编为专业织造户，民间少有专业丝织户，丝绸生产大都是以农户家庭副业生产的形式存在，也有一部分是在豪强地主庄园内由奴婢进行。到北魏后期，情况有所变化。太和十一年（487年），孝文帝下令撤销尚方官府丝织作坊，将锦绣绫罗各匠释放，对于士农工商设立作坊，从事丝织生产，也不再禁止。北周政府也采取过同样的措施。周武帝天和六年（571年），一次就放归后宫罗绮工匠500余人。这些措施无疑有利于民间丝织业的发展。

隋、唐、五代时期，民间丝织生产有了更大的发展。这时在农户家庭织绸副业普遍存在的同时，专业丝绸生产已是民间丝织业的重要组成部分。唐代官府丝织作坊中"和雇匠"、"明资匠"、"巧儿"数量的增多，反映民间具有各种特长的专业丝织匠人的大量存在。这些丝织匠，有的是农村手艺人，上门服务，按照雇主的要求织造绢帛；有的是独立的手工业者；也有的是受雇于城镇手工业作坊中的工匠。

唐代都市中已出现了相当数量丝织手工业作坊，当时通称"坊"、"作"、"铺"等。这些作坊分工很细，从事同类产品生产的作坊和店铺，大都集中在一个街区，通称为"行"。当时一些城市中的丝织业行很多。如范阳郡（今北京、天津、河北保定一带）的丝织业行有绢行、大绢行、小绢行、彩帛行、彩绵彩帛行、小彩行、新绢行等。中唐后，随着城乡商品流通的扩大，丝织业作坊明显增加，有的还具有相当大的规模，如定州何明远的织绫作坊有绫机500张。

在唐代，还有一种介于官府作坊和民间私人作坊的丝织生产形式，这就是"织造户"。织造户直接为官府生产某些有地方特色的丝织品。他们一方面直接由官府管理，其生产要严格服从官府的指挥；另一方面，又是使用自己的工具，在自己家里以分散的形式进行生产。实际上是官府固定的丝绸加工点。产品的式样、规格、数量、完成期限等，都有严格规定和要求。织户姓名、贡织产品等有关情况也都详细登记县册。他们没有完全的人身自由，生产、生活乃至婚姻，都受到诸多限制。为防止技术扩散，织造户的婚配通常只在同类产品生产者的范围内进行。唐朝政府明确规定，"凡官户奴婢，男女成人，先以本色媲偶"。有的甚至终身不许婚配。如江陵一织造户，因两个女儿熟谙挑纹绝技，以致终老不能出嫁，元稹的《织妇词》中有"东家头白双女儿，为解挑纹嫁不得"两句，写的就是这家织造户的苦状。

丝织生产者创造的是一个华丽多彩的世界，但在封建社会，生产者及其家庭的生活却是异常困苦乃至悲惨的。他们的绝大部分产品都被封建统治者搜刮走了。封建政权搜刮的丝绸，数量多得惊人。唐玄宗天宝年间（742~755年），朝廷每年征缴的绢多达740万匹，丝多达185万屯（1屯等于6两），而生产者却没有一丝一缕上身。他们的情况恰如柳宗元诗所说的，"蚕丝尽输税，机杼空倚壁。"既没有生产资料，也没有生活资料，只能靠卖青苗、借高利贷度日，诗人聂夷中为之咏叹："二月卖新丝，五月粜新谷；医得眼前疮，剜却心头肉。"有时甚至被逼得妻离子散，家破人亡。在残酷的封建剥削下，丝织生产者不敢奢望麦入口、绢上身，只要能完清赋税，免受衙门鞭笞之苦，就心满意足了。王建《田家行》中，有这样几句诗："麦收在场绢在轴，的知输得官家足。不望入口复上身，且免向城卖黄犊。田家衣食无厚薄，不见县门身即乐。"这是一个多么不合理、不公平的世道啊！

3. 丝绸的产地和品种

三国至隋、唐、五代，丝绸的产地的分布和变化，有两个特点：一是区域继续扩大，二是重心逐渐南移。丝绸产区的这种变化趋势，同前面所说的蚕桑生产的地区分布变化是大体一致的。在多数情况下，从养蚕缫丝到织绸是在同一家庭或地区进行的，但是，就某一地区而言，蚕桑生产和丝绸生产，两者的发展速度和水平并不完全一致。因为相当一部分蚕丝由官府征收后，集中进行丝绸加工，而这一时期的官府丝织作坊大部分集中在北方地区。所以，在唐代中叶以前，北方中原地区的丝绸生产，仍然呈现持续发展的趋势，全国丝绸生产的重心仍在黄河中下游地区。

由于封建政权推行征收丝绸实物税的政策，丝绸产地分布及其变化，可以从各个时期封建政权征派丝绸实物的地区得到反映。

三国、两晋、南北朝时期，除西晋外，大部分时间处于南北分裂状态。北方地区，曹魏时，丝绸实物税主要来源于冀州、豫州、青州、并州和司州等地。西晋和北魏时期，丝绸生产和征派的区域有所增加，据《魏书·食货志》记载，北魏孝文帝时，征派丝绸户调的区域达19个州，这些州相当于现在山西、山东、陕西、河北、河南、安徽、江苏等省的大部分地区。当时北方地区约有一半的州生产丝和丝织品。河北是丝织生产的中心,北魏政府每年单从河北的冀、定两州征收的绢即达20万匹以上。时人谓"国之资储,唯藉河北"。北齐在定州和冀州也设有绫局、染署,其地位相当于西汉的临淄和襄邑。可见河北在北朝丝织生产中的重要地位。

江南地区的丝绸生产,孙吴时期已有很大发展,区域明显扩大。浙江诸暨、永安(今武康)和安徽南陵都有产丝记载。南朝时期,南方丝绸产区更广。齐武帝时,京师(南京)、南荆河州(安徽寿县)、荆州(湖北江陵)、郢州(湖北武昌周围地区)、司州(河南信阳)、西荆河州(安徽和县)、南兖州(江苏扬州)、雍州(湖北襄樊)等地,都有关于出产丝、绵、绢的记载。

至于长江上游巴蜀一带,一直是丝绸的重要产区。蜀锦更是远近闻名。

隋、唐时期,丝绸生产区域以更快的速度扩展。在老产区向周围扩展的同时,出现了不少新产区,陇西、岭南、黔中等地都已有丝绸生产。唐将全国分为10道,除陇右道外,9个道都征收丝和丝织品。征收丝绸实物税的州共有105个,主要集中在黄河中下游的河南、河北两道和四川盆地的山南、剑南两道。上贡高级丝织品的有46个州,主要集中在河南、河北、山南、江南、剑南5道。

中唐以前,丝绸产地仍然主要集中在黄河中下游地区,尤其是丝绸的质量,北方远胜于南方。据《唐六典》记载的玄宗开元年间（713~741年）将各州上贡绢分等级，前4等全在河南、河北两道。

安史之乱后，中原混乱，社会经济重心加速南移。江浙一带逐渐成为全国重要的丝绸产区，丝绸质量也迅速提高。如越州（今绍兴一带）贡交的上等丝织品，开元年间只有梭白绫等少数几种，德宗贞元元年（785年）后增加到数十种，到穆宗长庆年间（821~824年），更成为全国贡交丝绸品种最多的一个州。润州（今镇江一带）、苏州、杭州、常州贡交的上等丝织品的品种也增加了。江南道成为10道中贡交丝织品品种最多的道。江南的丝绸生产在产品的花色和质量上已逐步赶上北方地区。

丝织品的品种，这一时期，尤其是唐代更加丰富多彩，图案、花式更加新颖，质地更加精美。并涌现一大批新品种，如南北朝时期兴起的织成缂（音 kè，刻丝），隋、唐时期盛行的纬锦和在纬锦基础上发展起来的晕裥（音 xián）锦。在各地丝织业普遍发展的基础上，出现了一大批各具地方特色的名贵品种。在北方，早在曹魏时，襄邑的锦绣，朝歌（今河南淇县）、房子的绵纩（丝绵），清河的缣总（细绢），就十分有名。唐代时亳州的轻纱，更是丝织品中的珍品。在南方，越州的缭绫，宣州的红线毯，也都是名噪一时的地方丝织特产。早在春秋、战国时期就大量生产的成都蜀锦，这时也大放异彩。

各朝封建政权都以贡赋的形式，搜罗名贵丝织品。各地贡交的丝织品，全是当地名贵特产。因此，从各县贡交朝廷的丝织品名目，也可看出当时各地都有数量不等的丝绸名品。如《唐六典》所载各道州丝绸贡品中，河南道滑、仙两州的方纹绫、青州的仙纹绫，豫州的鸡鶒（音 chì）绫、双丝绫、四窠云绫、兖州的镜花绫；河北道恒州的春罗、孔雀罗，定州的两窠细绫、独窠绫、大独窠绫；山南道荆州的子方縠、方纹绫，阆（音 làng）州的重莲绫；淮南道扬州的蕃客锦袍、被锦、半臂锦；江南道润州的方棋水波绫、水纹绫、绣叶绫，苏州的绯绫，越州的吴绫、十样花纹绫、宝花罗；剑南道益、蜀二州的单丝罗，彭、汉二州的交绫罗，绵州的双紃（音 xún）、对凤双窠绫，遂州的樗（音 chū）蒲绫，等等，都是花色新颖、质地精良的高级丝织品。

在各个大类丝织品中，纱、罗、绮、绫、锦等的发展比较明显，尤其是绫和锦，花色品种最多，代表了这一时期我国丝织业的发展水平。

这一时期，纱、罗、绫、绮和缎类丝织品的生产都得到了较大发展，应用十分广泛，唐代更为流行，品种也很多。

纱在三国至隋、唐的一些文献记载中，有平纱、隔纱、花纱、巾纱、交纱、吴朱纱、轻容纱等许多品种。唐代贵族妇女，肩披薄纱，十分时兴。各地所产的纱中，以亳州的"轻纱"最为细薄。有人形容说，"亳州出轻纱，举之若无，裁以为衣，其若烟霞"。1972年，新疆吐鲁番阿斯塔那出土一种唐代天青色敷金彩轻容纱，更是轻纱中的珍品，比马王堆出土的素纱更为细薄（见图14）。吐鲁番还出土了各种印花纱。亳州、越州、锦州等地都出产轻纱。

罗的品种也很多。从唐代贡交罗的道州看，产地主要是河北道的恒州（今河北正定），江南道的越州，剑南道的益州（成都）、蜀州（今四川崇宁）和汉州（今四川广汉）等。

绫是各类高级丝织品中，品种最多、产地最广的一种。唐代贡交绫的州达34个，有具体名称的贡品绫（重复的不计）达42种。河北、河南、山南、淮南、江南、剑南各道，多数州属都产绫，产地遍布黄河，长江中下游地区和四川盆地。越州的缭绫是各种绫中的珍品。

图14 唐代印花纱

绫类织品的生产之所以如此发达，在隋、唐盛极一时，同当时的官吏章服主要用绫制作有很大关系。按照封建等级制度，不同品秩的官吏服饰材料和颜色都有严格规定。据《旧唐书·舆服志》记载，当时的官吏章服，三品以上用大科䌷绫和罗，紫色；五品以上用小科䌷绫和罗，朱色；六品以上用丝布和杂小绫，黄色；七品以上用龟甲双巨十花绫，绿色；九品以上用丝布和杂小绫，青色。由此也可看出，当时丝织业的发展和兴衰，在很大程度是以封建统治者的需要为转移的。

绮在唐代也是十分普遍的一个品种，但主要用于民间，所以贡交丝织品中的绮很少，只有江南道宣州（今安徽宣城等地）的绫绮一种。20世纪60年代在新疆阿斯塔那和甘肃敦煌，有隋、唐时期的绮出土。从出土实物看，隋、唐时期的绮，在织造工艺上比汉代的绮又有了明显的进步。

锦在各类丝织物中是最华贵的一种，这一时期一直在不断发展，到唐代更是大放异彩。

锦分为经锦和纬锦两大类。经锦靠经丝起花，用两组或两组以上的经丝同一组纬丝交织，经丝多是二色或三色，用织物正面的经浮点显花。蜀锦是经锦中的名品，新疆民丰出土的东汉"万年如意锦"是经锦中的珍品。纬锦是用两组或两组以上的纬丝同一组经丝交织，用织物正面的纬浮点显花。经锦和纬锦各有不同的织造效果：经锦使用一把梭子，生产效率较高；纬锦用两把以上的梭子，织造费时，但更能灵活变换颜色，能织出更加复杂和丰富多彩的图案。这两种锦在我国出现都很早，战国时已有纬锦织造，但当时似乎没有得到推广。六朝以前，几乎全是经锦；隋、唐时期，纬锦开始兴起。当时波斯纬锦的输入，可能对我国纬锦的兴起和推广有一定的影响。

三国、两晋、南北朝时期，织锦产地，主要集中在以邺城（今河北临漳）、大梁（河南开封）为中心的蜀地，和以成都为中心的蜀地一带。从一些历史文献看，织锦的品种、名目十分繁多，吐鲁番和敦煌等地,出土实物的品种和数量也相当大。组织结构基本上沿用汉锦的平纹经二重结构,表里层经丝比为1:2或1:1。纹样、图案设计,在继承我国传统风格的同时,也吸收了中亚、西亚,以及我国西北兄弟民族地区的风格特点,图案题材出现了象、狮、骆驼等外来动物形象,而且出现了以图形骨架为主的纹样,如联珠孔雀锦等。同时,少数民族的织锦也得到了很大发展,织造工艺和花式都独具特色。

隋、唐时期,织锦大放异常彩,品种、结构、图案和织造工艺都有新的突破。传统经锦,除仍有不少平纹变化经二重织物存在外,唐初出现了斜纹变化经二重组织,这种组织在唐代十分流行。唐代还出现了双层锦和织金锦。吐鲁番出土的一件双层锦,是沉香色地上显白色花纹图案,其组织是白色经与纬、沉香色经与纬各自相交成两层的平纹织物。织金锦也有实物出土。青海都兰发现的一件织金锦,是我国迄今发现最早的织金锦实物。

织锦品种的最大变化,是纬锦的流行和在纬锦基础上晕裥锦的出现。从新疆、青海地区出土的纬锦实物看,其斜纹纬二重组织结构明显受到波斯织造风格的影响,但花式图案仍保持我国原有的传统。青海都兰出土的中窠宝花立凤纬锦,团窠宝花中的立凤,明显带有汉代朱雀遗风。新疆阿斯塔那出土的联珠对孔雀贵字纹纬锦、联珠兽头纹纬锦,纹样也带有明显的波斯风格。唐代时期,这种有着波斯风格纹样的斜纹纬锦产量大增。

晕裥锦也是一种纬锦，它利用不同颜色的纬丝，在织物表面织出由深到浅、由浓到淡、逐层过渡的横向通幅条纹。这种条纹颜色的逐渐过渡，如同日月周围的晕气，故称"晕裥"。晕裥锦有比一般纬锦更强的立体感。从出土实物看，唐代的晕裥锦大多带有提花。都兰出土的一种晕裥小花锦，以蓝、浅蓝、绿、黄、紫、米色等22种彩条组成一个循环，并在色条上以不同颜色的散点小花点缀，如同道道彩虹，艳丽异常。

缎是采用缎纹组织的一种丝织物。所谓缎纹是指经纱和纬纱的交织点按一定的规律分散，且有较多的经纱或纬纱浮现于织物表面。缎纹组织中单独组织点，由相邻的两根经纱或纬纱的浮长线遮盖。经纬丝中只有一种显现于织物表面，所以外观平滑光亮，手感柔软。

缎的起源很早，汉代文献中已有缎的名称（当时写作"段"），但很多人认为当时仅是作为丝织物的泛称。到唐代，缎发展成为丝织物的一个大类，与纱、罗、绫、绮、锦等并列，并同织锦和刺绣等相结合，出现锦缎、绣缎、乌丝栏素缎等多个品种。

这一时期，被称为"织成"的丝织品生产也有很大的发展。一般织物都采用通经通纬的织法，纬纱从布面的一边直通另一边，然后返回，而织成在通经通纬之外，还采用通经回纬的技法。即用多把梭子和多种颜色的纬丝，根据图案要求，在绸面中间、花纹边缘处折回，织成细致的花纹图案。在唐代以前，也有相当一部分织成是直接用手工编织的。

织成的生产和使用十分广泛，有用织成缝制的衣、裤、靴、帽、帐等，还有织成绦、织成回文诗等。刺绣一向是帝王服饰中最高贵的装饰技术，但到南北朝末年，皇帝的衮（音 gǔn）衣也一律改用织成缝制，刺绣反而降为侍臣的服饰。到唐代，还有织成的褥段、裙、带、背子、袈裟等，日本正仓院中还保存着一块唐代的织成袈裟。由于织成的织造工艺过于繁琐，唐代曾一度下令禁止。

近年来，在甘肃、新疆一带都有魏、晋时期的织成鞋出土。其中较有代表性的是甘肃嘉峪关出土的红地动物纹织成鞋、新疆吐鲁番出土的"富且昌，宜侯王，天延命长"丝质花鞋和丝麻交织花鞋（见图15）。

图15 吐鲁番出土"富且昌，宜侯王，天延命长"织成鞋

唐代后，织成通称缂（音 kè）丝或刻丝、克丝。敦煌、吐鲁番和青海都兰等地，都有唐代缂丝实物出土。都兰出土的蓝地十样小花缂丝，其组织法与后来的宋代缂丝完全相同。

缫织和印染技术的进步

三国至隋、唐、五代时期,丝绸的缫织和印染工艺技术都有明显进步。

杀茧、缫丝、络丝、并丝、捻丝的工艺技术和工具出现了不同程度的改进。

对于无法及时缫制的鲜茧必须进行处理,杀死蚕蛹,防止因化蛾而破坏茧层。西汉至两晋时期所采取的杀茧方法是震蛹和晒茧,刘安《淮南子》有关于上述杀茧方法的记载,即所谓"曝茧震蛹摇不休,死乃止也"。到南北朝时,杀茧逐渐改用盐浥(音 yì)的新方法。北魏贾思勰《齐民要术》比较了日曝和盐浥的优劣。认为蚕茧"日曝死者,虽白而薄脆";而"用盐杀茧,易缫(缲)而丝肕(音 rèn)"。因此,原有的日曝杀茧法逐渐为盐浥杀茧法所取代。对杀茧用的盐也有严格要求,必用浙江海宁白色细盐。

缫丝用的器具,战国时期已出现辘轳式缫丝轩,这是手摇缫车的雏形。秦、汉至魏、晋、南北朝时期,手摇缫车已在各地推广。但在唐代以前,史籍中不见有缫车的名称。到唐代,缫车名称在一些诗歌中多次出现。如王建《田家行》:"檐头索索缲(缲)车鸣";李贺《感讽》:"会待春日晏,丝车方掷掉";陆龟蒙《奉和夏初袭美见访题小斋次韵》:"每和烟雨掉缫车"。这说明手摇车已完全普及。

络丝用的丝筲和并捻丝用的纺车都有所改善。新疆吐鲁番出土了晋代络丝用的丝篗，是由4根横梁呈十字架固定而成，交叉处有孔以贯穿支承轴。横梁长19.8厘米。安徽麻桥东吴墓出土了一只木质纺锭，表面涂有黑漆，长20.1厘米，直径1.1厘米。一头有榫，另一头有3道凹槽，可能为固定卷绕丝线位置而刻。

织造方面，三国曹魏时，陕西扶风人马钧对提花织绫机进行了重大改革。

三国以前使用的多综多蹑（脚踏板）提花机，在织造图案复杂和循环较大的提花织物时，由于蹑数过多，操作难度大，生产效率低。如前述巨鹿陈宝光的妻子使用120蹑的提花机，60天才织成1匹绫或锦。这种织机无法适应社会大量生产的需要。针对这种情况，马钧对这种提花机进行大胆改革，将原来50综50蹑、60综60蹑的多综多蹑提花机，通通改成12蹑。织机结构大大简化，效率成倍提高，而织出的花纹反而变化自如，图案和实际景物一样逼真生动，层次变化无穷。正是由于马钧的改革，曹魏的纹锦精美度大大提高，甚至能同有名的蜀锦媲美。魏明帝景初二年（238年），还将绛地交龙锦5匹和绛地皱粟罽（音jì，一种毛织品）10张、绀青50匹等送给日本来使，促进了纺织技术的传播。此后，从两晋、南北朝到隋、唐时期，提花机和平纹织机，进一步得到改进和完善。结构渐趋完备，提花机装置有"老鸦翅"和"涩木"，用以进行提综和伏综。在各地不断的改进和完善过程中，织机形成了多种类型：提花机有高楼束综提花机和多综多蹑提花机；素织机有卧机、立机，等等。

练漂和印染工艺技术的进步同样十分显著。

丝帛的练漂工艺仍分为灰练、水练和捣练3种。南北朝时期，3种工艺都被广泛采用，但水练似乎更受到重视。后魏贾思勰《齐民要术》记述了水练的基本方法："以水浸绢令没，一日数度回转之。六七日，水微臭，然后拍出，柔韧洁白，大胜用灰"。水练的生产周期比灰练长，但效果比灰练好，也容易掌握，可避免灰碱对纤维的损伤。所以说水练"大胜用灰"。尽管如此，灰练毕竟周期短，一直是练漂的基本方法。用于练丝的草木灰品种也不断扩充。南朝、隋、唐时，冬灰、荻灰、藜灰、青蒿灰、桧木灰等都被用于练丝。砧杵捣练则通常和水练相结合进行。这一时期有不少描述、咏叹捣练的诗文、画卷。曹毗《夜听捣衣一首》："纤首叠轻素，朗杵叩鸣砧"，就是对捣练的生动描述。唐人魏璀有《捣练赋》；张萱绘有《捣练图》。图中画有两名妇女，各人手持一支与身高相仿的木杆正在捣帛，另两名妇女作辅助状，生动地再现了捣练丝帛的情景。这些诗文和画卷反映了当时练漂手工业的发达和在经济生活中的重要地位。

印染方面，染料种类更多，提炼、制作工艺技术更加娴熟。矿物颜料方面，唐代的丹砂人工合成，汞和硫磺的配料比例，加热温度和操作程序，都已达到"分毫无欠"和炉火纯青的程度。用人工合成的丹砂（硫化汞），色光鲜明，是当时绘画和印花的重要颜料。植物染料方面，红色颜料，早期以茜草为主，这一时期红花染色越来越被广泛采用,并逐渐取代茜草。另外还有从越南引进的苏木;黄色颜料,汉代已有荩草、栀子、黄栌等,魏、晋时则大量使用地黄。其他新增的植物染料还有棠叶、虎杖、芜荑子等。植物染料的提炼和制作,过去用蓝草染青色,采用直接法,南北朝时出现了制靛法。贾思勰《齐民要术》中,第一次详细总结和记载了用蓝草制取蓝靛的具体方法。该书还总结了用红花提炼染料的工艺技术。这项技术在隋、唐时传到日本。隋、唐时,又增加了槐花、郁金等染料,当时用于丝绸染色的染料已达到30余种。唐代新增的染料中,还有不少媒染染料。随着染料的增加,媒染技术也有了新的发展。

魏、晋后,尤其是隋、唐时期,颜料印花和夹缬、蜡缬、绞缬等丝绸印花工艺技术,获得了长足的发展,并东传日本。

颜料印花,隋、唐时期在继承以往印绘结合的传统基础上,向多彩套印和色地印花的方向发展,使印花工艺技术跨上了一个新的高度。1972年吐鲁番阿斯塔那墓出土的"天青色敷金彩轻容纱"和"褐地绿白印花绢",是唐代颜料印花的代表制品。前者是染色、印花、画绘3种工艺的结合,即在已染成天青色的纱上,先用型版印上一种花纹作定位,再行彩绘、敷金。它利用颜料优良的覆盖性能,排除地色的干扰,使印制品的色彩纯正、鲜明,外观雅致;后者则是利用镂空型版双色套印新工艺技术的产品。

镂空型版夹缬印花技术,南北朝时已趋成熟,隋、唐时期又有新的发展。型版制作更加精良。史载，唐玄宗时，柳婕妤之妹性颇聪慧，曾使工匠镂版染印夹缬，起初十分秘密，以后逐渐流传民间，夹缬印花愈加兴盛。隋、唐时，夹缬被广泛用于妇女和军士服饰。隋代大业年间（605～616年），隋炀帝曾令工匠制作五彩夹缬花罗裙，赏赐宫女和百官母妻。唐代的士兵号衣和宫廷御前步骑的帽子，也用夹缬制作。

蜡缬印花，南北朝时期已相当流行，到隋、唐时期更为广泛，工艺技术也进一步发展。用作室内装饰品的屏风蜡缬，非常著名，曾作为贵重礼品输往国外。日本正仓院还藏有唐代蜡缬多种，其中如树羊蜡缬屏风、树象蜡缬屏风，更是唐代蜡缬中难得的珍品。还有一种花纹蜡缬绨（音 shī，粗绸），用黄、绿和深茶、浅茶4种颜色印染而成，工艺异常精巧。

同蜡缬工艺相近的还有灰缬。灰缬是利用石灰、草木灰等碱性物质对丝胶的溶解性能，以及对某些染料的阻染性能而进行的防染或拔染印花。新疆吐鲁番和甘肃敦煌等地有不少唐代灰缬出土。如吐鲁番出土的原色地白花纱，敦煌出土的原色地白色团花纱，都是利用局部生丝脱胶显花。吐鲁番出土的另外两件绛地白花纱和烟色地狩猎纹印花绢，则属于碱剂防染印花。绛地白花纱为生丝红地，熟丝白地。据今人研究，其工艺过程可能是先碱印，再染红花。因红花素在碱性介质中无法上染，所以显白色花。

绞缬又叫撮缬、扎缬，属于机械纺染印色。工艺较为简单，即在丝织物上按某种规律进行撮扎，用线绑紧,就可入染。因结扎部位不能上色,拆线后即呈现色地白花花纹。通过不同的结扎,可以获得多种花纹艺术效果。如用谷粒等作垫衬物,在外部以线结扎,即可得到圆圈形或鱼子形的散布花纹。由于丝纤维的毛细管渗透作用,所制花纹具有无级层次色晕(又称"撮晕"或"晕裥")的艺术效果。

绞缬大约起源于魏、晋年间,最初在西北兄弟民族地区流行。新疆吐鲁番和甘肃敦煌一带都有北朝时期的红、蓝、白等色绞缬绢出土。当时绞缬已广泛用于妇服饰,花纹主要有梅花型和鱼子型。这就是历史上有名的"鹿胎紫缬"和"鱼子缬"。隋、唐时期,绞缬染色制品盛极一时。青碧缬是当时妇女的流行服饰。唐代的绞缬品种繁多,有大晕撮缬、玛瑙缬、鱼子缬、醉眼缬、方胜缬、团宫缬等。醉眼缬产于四川,十分有名。

5 丝绸的贸易和传播

三国至隋、唐时期,虽然唐以前大部分时间处于战乱和分裂割据状态,但丝绸的国内外贸易和传播还是非常频繁的。三国时,蜀锦闻名遐迩,畅销各地,曹魏、孙吴都到蜀地买锦,而蜀也用锦来作馈赠。孙吴也输出丝绸,换取马匹和奇珍异物,同时也是馈赠的重要物品,魏国曹丕称帝时,孙权曾贡献大量丝织品。曹魏与北方少数民族之间丝绸馈赠和贸易也十分频繁。居住在蒙古一带的鲜卑族通过赠赐和互市,每年都从中原输入丝织品。南北朝时期，居住在今蒙古国和中亚诸国境内的柔然族，同北魏和南朝都有丝绸贸易往来，北魏政府也曾赠给柔然大量丝织品。到北周、北齐时，突厥势力进入我国北疆地区，我国丝织品也大量流入突厥居住区，北齐政府曾对突厥采取和亲政策，每年馈赠"缯絮锦彩十万段"。

传往西北的丝绸产品数量更大。传播的方式，既有政府间的馈赠和往来僧侣的携带，更有民间的丝绸贸易。多年来新疆吐鲁番出土的大量十六国和北朝时期的丝织品，是当时兴旺繁忙的民间丝绸贸易的历史见证。

隋、唐时期，随着全国统一政权的建立和丝织业的迅速发展，加上南北大运河的开凿，丝绸的贸易和传播进入了一个新的阶段。

隋、唐官府在各地搜罗的名贵丝织品，一部分供皇室和皇宫使用，其余的作为官吏俸禄、章服和赏赐、馈赠，流往全国各地。五代十国时期，丝织品又成为政府间馈赠的贵重礼品。如吴越国曾向后唐和北周进贡大量名贵丝绸。所有这些，在客观上促进了地区间的丝绸交流，对各地的丝织技术尤其是丝绸的品种和花式纹样，产生了很大的影响。

民间的丝绸贸易和交流十分兴旺，其数量和规模更远远超过源于官府的交流。隋、唐时，各地都有大量的沽客、坐贾、走贩、牙人从事丝绸贸易。有经营丝绸产品的行、铺、店，而且经营范围出现了专业化的趋向，有经营一般丝织品的绢行（大绢行、小绢行、新绢行)、帛行;有经营采织、印花纱罗绫锦等高档丝织品的彩帛行、彩缬铺、小彩行等;也有经营丝、绵、丝线等丝织原料或半成品的丝行、丝绵行等。

丝绸的对外贸易和交流一直十分发达,仍然分为陆路贸易和海路贸易两部分。

陆路贸易方面,三国、两晋、南北朝时期,通往中亚西亚和欧洲的"丝绸之路",虽然受到战争的影响,但基本上是通畅的,丝绸贸易从未间断。中国的丝和丝绸大量输往安息(伊朗),再通过安息转往位于现在叙利亚、土耳其一带的大秦国。大秦国将中国丝甚至将丝绸成品拆散,织成符合当地风格的"胡绫"。

隋、唐时期,横贯亚欧大陆的"丝绸之路"更加兴旺,以中道最为繁忙,沿途的吐鲁番、拜城、喀什等地,都有大量的隋、唐丝织品出土,吐鲁番出土的文书上还记载了当时丝绸贸易的繁忙景象。另外,南、北两道的重要性虽比不上中道,但丝绸贸易仍然不少。长安二年(702年),唐朝政府还在北道上的庭州(今新疆吉木萨尔北破城子)置北庭都护府,兼负保护和管理往来商贾行旅的责任。

西南方向,通往印度、缅甸的丝绸运输通道同样相当繁忙。从长安出发,经现在的天水、临洮、巴颜喀拉山口到玉树,入西藏到拉萨,再由拉萨转道去印度,是唐代一条重要丝绸运输线。在这条运输线,沿途也发现了大量的唐代丝绸实物。前面多次提到的青海都兰就在这条运输线上。自蜀地经永昌(今云南保山)至印度的丝绸通道,唐代一直保持畅通,蜀地的大量丝绸产品沿着这条通道运往缅甸和印度。

海路贸易方面，在东路，我国的丝绸很早就通过海道传播到日本。西汉初，刚刚结束原始社会的日本，全岛分立百余个小国，汉统称为"倭"。其中30多国同汉有交往。三国时期，中国和日本之间的交往更加频繁。日本在秦代时已从中国学会了养蚕、织绸，这时同曹魏已有丝绸互赠，进一步引起了日本对中国精美丝绸和服饰的向往，并从孙吴引进中国服装——"吴服"。自此，吴服成为日本的传统服式。日本又多次派遣使节到江浙一带进行丝绸贸易，学习丝织和缝纫技术。日本称我国北方的丝织技术为"汉织"，南方的丝织技术为"吴织"。

隋、唐时期，我国同朝鲜和日本的丝绸贸易往来，无论政府间还是民间，都十分频繁密切。当时通往朝鲜的路线虽有陆路，但大多走海道。唐代通往朝鲜的海道有两条，北边从登州出海到朝鲜长口镇，南边则从定海到朝鲜灵岩。开元年间，唐玄宗曾同朝鲜新罗王互赠丝织品，民间贸易也很兴旺。同日本的交往也十分频繁。隋、唐两代，日本共遣使20次，唐朝也遣使回访6次。每次都互赠大量丝织品。日本正仓院和法隆寺等寺院，至今仍保存着大量唐代丝织珍品。

南路海上丝绸运输通道，主要是广州经南海到波斯湾巴士拉的航线。当时从广州到巴士拉港，全程要3个月的时间。波斯、婆罗门等国的船只也驶进广州，带来香药、珍宝，买走绫、绢、丝、帛等丝绸产品。唐朝政府还在广州以及泉州设置市舶司，负责处理海贸业务。广州港的贸易十分兴旺。当时有记载说，江中停泊的婆罗门、波斯等国船只，"不知其数"。我国的丝绸产品和丝织生产技术，通过这条海上运输线传往东南亚、南亚和西亚各地。对这些地区文明的发展做出了贡献。

五 宋元明清时期的蚕桑丝织业

宋、元、明、清时期已进入封建社会的后期和晚期，封建人身依附关系逐渐松弛，农村佃农和城镇手工业者相对独立的个体经济有所壮大，社会分工和商品交换，文化科学技术和农业手工业生产力，都发展到了一个新的高度。在这一基础上，到明代中期后，终于在封建主义内部萌发了资本主义生产关系的胚芽。

从960年北宋王朝建立到1840年鸦片战争爆发的880年间，我国的蚕桑丝织生产曾几次遭受破坏。金国统治北方时期，蒙古族和满族统治者入主中原初期，都曾使中原和长江流域地区包括蚕桑丝织生产在内的先进生产力遭到严重摧残。但是在中原先进文化的影响和熏陶下，他们逐渐认识到农桑生产的重要性，转而采取保护和促进农桑生产发展的措施。因此，从总体上说，宋、元、明、清统治者对蚕桑丝织生产都是非常重视的，蚕桑丝织业呈现持续发展的态势。

同以前比较，这一时期，蚕桑丝织生产有几个明显的特点：第一，在地区分布上表现为南盛北衰。长江中下游流域尤其下游太湖流域，发展成为全国蚕桑丝织业的重心，而黄河流域的蚕桑生产明显衰退，一些地区的蚕桑生产为棉花生产所取代。第二，封建政权对丝织工匠的控制逐渐放松，民间丝织手工业有了更大的发展，开始成为丝织业的主体。官府丝织业虽然在某个时期内有所扩大和发展，但总的趋势是规模缩小，在整个丝织业所占比重下降。第三，蚕桑生产和丝织生产有了明显的社会分工，养蚕户所缫的丝一般不再自己织绸，而是卖给专业机户。一些地区还出现了桑叶的专业和商品性生产，使桑叶、蚕丝和绢帛生产的商品化程度大大提高。正是在蚕桑丝织业全面发展的基础上，丝织业成为我国资本主义萌芽的先行军。

1. 蚕桑生产的南盛北衰

在唐代后的五代十国近一个世纪的时间里，北方大部分地区经常处于战乱状态，而南方相对安定，使中原人口大量南迁。地处江浙地区的吴越国，采取"闭关而修蚕织"的国策，使江南蚕桑生产有了较快的发展，和北方蚕桑生产的相对停滞和破坏形成了鲜明对比。

北宋政权虽然结束了南北分裂的局面，统一了中国，但北方并不安宁，分别由契丹、党项、女真等少数民族贵族建立的辽、西夏、金政权，不断侵犯北宋边境，妨碍北方地区蚕桑生产的正常发展。1004年，辽国更大举进攻北宋,直逼黄河北岸的澶州(今河南清丰西)城下,威胁北宋都城。北宋和辽国签订和约,答应每年送给辽国银10万两,绢20万匹。这就是历史上有名的"澶渊之盟"。不久辽国又以武力相威胁,迫使北宋政权每年增纳银10万两,绢10万匹。西夏见北宋统治者如此软弱可欺,也凭借战争手段迫使北宋每年送银7万余两、绢15万匹。这样,每年纳给辽、夏的绢即达45万匹。另外,北宋皇宫和统治集团所消耗高级丝织品更是一个庞大的数目。

丝织品的耗用数额如此巨大,而北方地区的蚕桑生产,由于上述原因,已处于停滞和衰退状态。在这种情况下,唯有加重对南方百姓的搜刮,加速南方地区蚕桑生产的发展。这样,南方在全国蚕桑生产中所占的比重也就越来越大。据《宋会要稿》记载,北宋时,全国上供朝廷的丝织品,北方各路占1/4,而江浙占1/3以上,丝绵则超2/3。所以北宋统治者说,"国家根本,仰给东南"。江南已成为全国蚕桑生产最发达的地区。但是,不能由此推论,南方的丝绸产量已超过北方。因北方各路征纳的丝绵、绢帛是在留足当地军用之后才上缴中央府库,账面上的数字只是征纳丝帛的一部分。至于生产技术和产品质量,当时全国最优质的丝织物品种,如锦、绫、绮、缂丝等,绝大部分仍产于北方,那里的丝织技术仍居领先地位。当时总的情况是,全国蚕桑丝绸生产早已呈现南盛北衰的发展态势,但北方仍有相当雄厚的生产能力和技术基础。

进入南宋，蚕桑业南盛北衰的形势进一步发展。1126年金军包围汴京，宋钦宗答应割地赔款，并纳绸缎100万匹。次年，钦宗、徽宗被俘，宋皇室南迁临安（今杭州），是为南宋。1141年，南宋和金订立绍兴和议，又答应年贡绢25万匹。战争用马也须以丝绸交换。南宋小朝廷更加只有靠发展江南蚕桑生产来维持了。南宋初年，两浙路每年以上供、夏税、"和买"（低价收购）等形式，上缴的丝绸达187万余匹，江西"和买"的绅绢达50万匹。随着江浙蚕丝业的不断扩大，四川盆地蚕丝业的地位也相对下降了。南宋上供的丝织品中，除锦绮全部来自四川，绫的52%来自四川外，其余如罗、绢、平缦（音 shī，粗绸）、绅和丝绵等，几乎全部来自长江中下游流域。总计每年上供各类丝织品169万匹，来自长江中下游地区的为158万匹，占总数的93%；上供丝绵196.7万两，来自长江中下游地区的为194.7万两，占部总数的99%。

辽、金统治北方时期，给这一地区的蚕桑生产一度造成严重破坏。辽兵南下时，为便于骑兵驰骋，大肆毁坏桑林，"沿途居民园囿桑柘，必夷伐焚荡"。金人进入中原后，女真贵族和"猛安谋克"户又放肆砍伐和牧畜毁坏桑林，甚至乱伐桑树作烧柴卖。这种情况到金世宗大定年间（1161～1189年）后才有所改变，乱砍滥伐桑林的行为初步得到遏制，并动员民户和猛安谋克户栽植桑树，在河北、京东等地征缴桑税，北方部分地区的蚕桑生产有所恢复，绢帛作为货币进入流通，在河北一些地方甚至出现了"无处不桑麻"

的繁荣景象。

北方地区刚刚有所恢复和发展的蚕桑生产,在蒙古贵族建国初期再次遭到破坏:桑树被砍伐,桑林变成牧场,丝织匠人被杀戮俘虏,蚕妇人身安全没有保障,蚕桑生产条件恶化。这些导致了北方蚕桑生产的又一次衰退。到元世祖忽必烈(1260~1294年在位)时,才逐渐注意农桑,禁止蒙古贵族和兵士破坏桑枣禾稼,编纂《农桑辑要》、《栽桑图说》,颁发各路,劝谕农民植桑养蚕。元中叶后,山东、河北一带的蚕桑业明显恢复,山西、辽宁某些地区的蚕桑业也有所恢复或发展。不过,整个北方地区蚕桑业的地位和重要性,不可能恢复到以往的程度。

长江下游流域的蚕桑业在元初遭受的破坏较小,并在原有基础上继续发展。杭州、南京、镇江、常州、苏州、吴江等地,都是丝绸生产和贸易的重要地区,尤其是湖州,所产的丝越来越有名。而四川、湖广、江西以及陕西等原来蚕桑丝织业较发达的地区,在元代均呈现衰落景象。

明、清时期,随着棉花种植的迅速推广,棉布成为最主要的衣着原料,丝绵也被棉絮取代,丝绵和丝织品的社会需求下降,养蚕不再是农户普遍的家庭副业,蚕桑生产逐渐走向衰退。但是,丝绵和丝织品的质地和性能,远远优于棉花和棉织品,是棉花和棉织品不可能完全取代的高档衣着原料,丝绸产品尤其是高级丝织品,在国内外仍有相当广大的市场。在这种情况下,江浙蚕桑业凭借良好的基础和当地优越的自然条件,当蚕桑生产在全国范围普遍萎缩的时候,独呈繁荣和发展趋势。蚕桑生产由副业发展专业生产,蚕桑收入已超过粮食和其他农业生产。如浙江湖州,"蚕桑之利,厚于稼穑,公私赖之"。嘉兴桑田大量占用稻田,粮食收入只供8个月食用,其余4个月则靠蚕丝换购。因此,农户都"以养蚕为急务"。同时,种桑养蚕的收益大大高于粮食作物的种植。甚至有人说浙江"蚕利十倍于耕"。利之所在,众之所趋。在浙江,不仅种桑养蚕的农户人数众多,而且有的规模可观。湖州地区明代就有"富者田连阡陌,桑麻万顷"、"种桑万余"等大规模专业经营。并且还出现了桑叶的商业性经营。有的农户种桑,不是为了自己养蚕,而是为了卖桑叶。并有专卖桑叶的"叶市",有被称为"青桑叶行"的桑叶交易经纪人。清代康熙、乾隆两帝,先后多次沿运河坐船巡视江南,途经嘉兴、湖州一带,看到运河两岸一望无际的桑林,曾吟诗赞美浙江蚕桑盛况。康熙皇帝说:"天下丝绫之供,皆在东南,而湖丝之盛,唯此一区。"由此可见湖州和整个浙江地区蚕桑业在全国的重要地位。

除了江浙太湖流域,广东珠江三角洲是明、清时期发展起来的另一个重要蚕桑产区。广东沿海一带早就有蚕桑生产,但发展速度和水平没法和江浙相比。珠江三角洲蚕桑业的发展,是进入明代尤其是明末清初以后。明太祖洪武年间,明政府大力推行鼓励农桑的政策,规定有田5~10亩者,种桑麻棉各半亩,10亩以上加倍,田多者依例递增。这一措施对珠江三角洲的蚕桑生产起了自上而下的推动作用。明中叶后，随着水潦低洼土地的改造和"果基鱼塘"的兴起，出现了"桑基鱼塘"。即将水潦频仍、不宜种植的低洼土地深挖为塘，将泥土覆于四周成基。塘里放鱼，基上栽桑；桑叶喂蚕，蚕屎养鱼，实行土地综合经营。"桑基鱼塘"一出现，立即迅猛发展。不仅低窿土地全被开发利用，原来的"果基鱼塘"和一部分稻田，也都被改为"桑基鱼塘"。有的地区"桑基鱼塘"占到全部耕地的一半乃至五分之四以上，发展成为蚕桑养鱼专业区。

　　清代乾隆年间，福建漳州、浙江定海等对外贸易港口都被关闭，广州成了当时唯一的对外贸易港口，洋商都到那里采购蚕丝。又因乾隆帝禁止优质湖丝出口，质量无法同湖丝相比的广东丝迅速走俏，产品供不应求，市场价格上扬，更加刺激了珠江三角洲地区蚕桑业的扩张。一些地区把大片稻田改种桑树，出现了"弃田筑塘，废稻树桑"的热潮，桑田面积进一步扩大，蚕农利用亚热带气候的有利条件，每年从二三月份即开始养蚕，连续养七八造，直到深秋还在养"寒造"蚕，蚕丝产量大幅度提高。到清末，珠江三角洲的蚕丝产量仅次于江浙，居全国第二位。

　　随着南方蚕桑业的发展，植桑养蚕技术有了新的提高。

　　由于桑树的大量栽培和自然选择，桑树的种类不断增多。宋代吴自牧的《梦粱录》、元代《农桑辑要》、明代李时珍的《本草纲目》和清代卫杰的《蚕桑萃编》等，都详细地记载了当时的桑树种类，按大类分，直至清代，许多学者仍把桑种分为鲁桑和荆桑两大品系。但也有按其他性质而分为许多品种的。明、清时期，许多地方都培育出一批适于当地气候环境的优良品种。《蚕桑萃编》一书将桑种按地区分为湖桑、川桑、鲁桑和荆桑四大种系。湖桑是南宋时鲁桑南移浙江杭嘉湖地区后，经过人工和自然选择而形成的新桑种。它比鲁桑更好。因质地优良，明、清时期被各地广为引种。

桑树栽培方面的重要成就是嫁接技术的采用。树木嫁接技术早在战国时期已经出现。宋代陈旉（音fū）《农书》具体记载了有关桑树嫁接的情况和技术，书中说，浙江安吉人都会桑树嫁接，可见嫁接技术在湖州地区已被广泛采用。到元代，桑树嫁接方法进一步推广，技术更加全面。王祯《农书》中列举和总结了当时6种常用的嫁接方法。这6种方法是：身接（即冠接）、根接、皮接（即现在的"抱娘接"）、枝接、靥（音yè）接（现称片芽状接）和搭接（即合接）。嫁接技术的采用和进步，使桑树优良品种的性状得到充分发挥，对提高桑叶的产量和质量起到了促进作用。

养蚕技术方面，宋、元、明、清时期刊刻了不少总结养蚕经验和技术的专门著作，促进了养蚕技术的传播和提高。北宋秦观的《蚕书》总结了宋以前和当时北方特别是山东兖州地区的养蚕经验，对沸水煮茧缫丝经验和缫车结构也有详细论述。南宋楼璹（音

shú)的《耕织图》，是我国古代耕织方面最早以诗配图的普及读物，该书将蚕织生产分为二十四事加以叙述，反映了当时江浙地区蚕织生产的整个工艺过程。元代司农司编纂的《农桑辑要》全面总结了养蚕和缫丝经验，将养蚕要诀归纳为"十体"、"三光"、"八宜"、"三稀"、"五广"等。"十体"是养蚕的条件要从寒、热、饥、饱、稀、密、眠、起、紧、慢等10个方面去体会；"三光"是根据蚕的肤色决定饲叶的多少；"八宜"是指在蚕的不同生长期，光线、温度、风速等方面选择不同的8对条件；"三稀"是指下蚁、上箔、入蔟时要稀疏；"五广"是指人、桑、屋、箔、蔟等养蚕劳力和设备要充分准备，等等。缫丝方面记载和比较了日晒、盐渍（音yì）、蒸馏等3种杀茧方法，认为蒸茧杀蛹比日晒、盐渍好。在介绍缫车结构时，指出轩"六角不如四角，轩角少则丝易解"。这是对缫丝劳动经验的科学总结。

明代发明了利用杂交优势培育新蚕种的先进方法。宋应星《天工开物》首次记载了这种杂交方法，即用一化性雄蚕和二化性雌蚕杂交，培育出新的优良品种；还有一种杂交方法是用白雄蚕配黄雌蚕，其后代结褐茧。这是我国养蚕技术上的重大突破性成就。《天工开物》中的上述记载，也是世界上利用杂交优势培育新蚕种的最早文字资料。此外，当时还培育出一种抗逆性强，能在不良环境中饲养并可获得高产的"贱蚕"。清代前期，浙江余杭一带还出现了优良蚕种的专业生产。

这一时期桑蚕饲养技术的重大突破是药补增丝技术和方格蚕蔟的发明。所谓药补增丝，是用中药生地黄汁喂蚕，以增加蚕的抽丝量。据成书于南宋绍兴年间（1131~1162年）的《鸡肋篇》记载，"每槌间用生地黄四两研汁洒桑叶饲之，则取丝多于其他"。这是我国有关养蚕药补增丝技术的最早记载。据科学分析和试验，地黄含有 B–谷甾醇、甘露醇和脂肪酸、葡萄糖、维生素 A 等多种营养成分，确有蚕丝增产效果。该书还记录了浙江处州地方用苦荬菜代替桑叶饲蚕的经验，纠正了原来认为饲苦荬"令蚕烂坏"的不正确结论。今人用苦荬饲蚕的多次试验，证实了上述记载的正确性。

方格蔟是给蚕结茧准备的固定空间。明万历年间（1573~1619年）刊本《便民图纂》中，配有采用方格蔟的插图。将蚕蔟做成每格大小划一的方格蔟，使蚕结茧时只能占用一格的空间。这样，所有蚕茧形状、大小基本相同，从而提高了蚕茧质量。

这一时期，蚕病防治技术也有了新的提高。宋、元时对各种诱发蚕病的因素有了更深的认识，并采取了防重于治的方法。陈旉《农书》记载了蚕的黑、白、红 3 种僵病，并初步认识到环境条件与发病的关系，认为蚕"最怕湿热与冷风"。对苍蝇和蚕病关系的认识也不断深化。唐代王建只说养蚕要"上无苍蝇下无鼠"，但原因不详。北宋苏轼提出，"苍蝇叮蚕则生虫"。后来严粲《诗辑》中更有"养晚蚕者苍蝇亦寄卵于蚕之身"的记载，比苏轼的提法又前进了一大步。

从"野蚕结茧"到柞蚕业的兴起

柞蚕是一种生长在柞树上、以柞栎叶为食料的山蚕,柞蚕茧也可以缫丝织绸。柞蚕的人工放养起始于明代中叶。柞蚕丝及其纺织品柞丝绸(茧绸),是中国的名特产,在国际市场上享有极高的声誉。

我们的祖先,很早就开始利用柞蚕茧。汉代《古今注》一书就有用柞蚕茧作丝绵的记载。书中说,汉元帝永光四年(公元前40年),东莱郡(今山东掖县、蓬莱一带)东牟山野蚕结茧,当地人把它采回作成丝绵。《后汉书·光武帝纪》也说,建武二年(26年),"野蚕结茧,被于山阜,人收其利"。到两晋时期,已经掌握柞蚕茧的缫丝技术,开始利用柞蚕茧缫丝织绸。据《晋书》记载,太康七年(286年),"东莱山茧遍野,成茧可四十里,土人缫丝织之,名曰山绸"。上面所说的野蚕、山蚕,都是柞蚕。至于柞蚕的名称,最早见于晋代郭义恭的《广志》。书中说,"柞蚕食柞叶,可以作绵"。

在古代,由于人们把大量的野蚕结茧看做是祥瑞的一种征兆,各种史籍常常把它记载下来。因此,从汉代到明代后期,有关野蚕结茧和利用野蚕茧缫丝织绸的记载,不绝于书。发生的地区,遍及现在的山东、河北、河南、安徽、湖北、四川、陕西、江西、江苏、浙江、广东、海南等省。可见当时野蚕分布地区很广。唐、宋时,采收野茧缫丝织绸或上贡朝廷,愈加受到重视。有时采茧多达数千石，织绸上万匹。据《旧唐书·太宗本纪》载，贞观十三、十四年（639、640年），安徽滁州连续两年野蚕结茧，分别采茧6750石和8300石；又《宋史·五行志》载，哲宗元符元年（1098年），河北藁城、行唐、深泽3县野蚕结茧，"织纴成万匹"。

从采集野蚕茧缫丝织绸，到人工放养野蚕（柞蚕）和放养技术的掌握、传播，经历了一个相当长的历史过程。据史书记载，古代的野蚕分布，以山东尤其是胶东半岛一带最广，历年"野蚕结茧"的次数以这一地区最多。对柞蚕的人工放养，最早也是从这一地区开始的。到明末清初，柞蚕的人工放养和柞蚕丝的缫制技术，都已基本成熟。人工放养柞蚕已遍及胶东山区。当时山东益都有个名叫孙廷铨的，在他所写的《山蚕说》一文中，详细记载了胶东一带农户放养山蚕（柞蚕）的情况。文章说，那里的山蚕放养十分普遍，山谷中的柞蚕数量"与家蚕等"。每到蚕月，农民就将出蚁的幼蚕放到槲树上，听其自行眠食。放养人也在林子里架设窝棚，在林中食宿，手持长杆，驱赶鸟鼠，同时察看树上柞蚕的食叶情况，槲叶将尽，即将柞蚕转移到邻近的槲树，"枝枝相换，树树相移"。一年中，柞蚕可春、夏、秋三熟。在整个放蚕季节，"弥山遍谷，一望蚕丛"，十分壮观。由此可见当时胶东一带柞蚕的放养规模。

清代康熙、雍正、乾隆年间（1662~1795年），由于一些地方官员的大力倡导和促进，柞蚕的人工放养技术，由胶东半岛陆续传播到河南、陕西、四川、贵州、湖南、安徽等地。

河南与山东相邻，柞蚕放养技术的传入最早，清代康熙、雍正年间（1662～1735年），豫西南的鲁山、南阳一带，柞蚕放养已初步推广，贵州黎平等地的柞蚕种即是从河南引入的。

陕西的柞蚕放养开始于康熙中期。康熙三十六年（1697年），山东诸城人刘棨（音 qǐ），任陕西宁羌州（今宁强县）知州，见当地山里多橄树，即从他家乡募雇放蚕能手，携带茧种数万枚，到宁羌放养，并教民缫丝织绸，柞蚕业很快推广开来。宁羌人民为了纪念刘棨，把柞蚕丝织的茧绸称作"刘公绸"。乾隆初年，巡抚陈宏谋曾发布檄文，推广宁羌经验，刊发《山东养蚕成法》的小册子，在眉县、蓝田、商南等地取得初步成效。其中眉县可年收茧八九十万枚，可织绸千余丈，据说"民间已有贩鬻茧者"。

贵州是西南地区传入柞蚕最早，柞蚕业最发达的省份。山东历城人陈玉璧（音 diàn），乾隆三年（1738年）任遵义知府，看到遵义有大量橄柞树，因不能作建筑用材，当地人都拿它当柴烧。陈玉璧认为这是发展柞蚕放养业、为百姓谋福利的极好条件。于是在乾隆四年冬季派人前往山东，购买蚕种，雇聘蚕师同来贵州，不料在湖南途中，茧已化蛾，引种失败。乾隆六年冬季，再次派人前往购种，并聘织师同来。这次在春节前赶到了遵义，立即分发放养，获得春茧丰收。为了加速推广，陈玉璧将春茧全部发放四乡农民，作为种茧放养秋蚕。但因当地农民尚不熟悉放养方法，结茧的不到十分之一。次年春天，烘种又不得法，蚕不到结茧就全部发病，连种茧也没有了。

虽然两次失败，陈玉璧并不灰心，第三次又派人去买来种茧，自己亲自指导，向村民传授放养和缫丝方法，并让大家互教互学。对村民不仅提供种茧和缫织工具，还发给工资，激发了大家放养柞蚕的积极性，到乾隆八年秋天，蚕茧大丰收，民间获茧达800万粒。不到数年，柞蚕丝绸业大盛，"遵绸"竟与吴绫、蜀锦齐名。遵义百姓为了纪念陈玉璧，为他建造了专祠，每年阴历六月十五日，当地的缫织手工业者都要去祭祀。放养柞蚕的农户，也在家中设立牌位，把他当作蚕神一样供奉。

继遵义之后，仁怀、桐梓、定番、黎平等地也相继试放柞蚕，部分取得成效。据乾隆二十六年（1761年）贵州巡抚周人骥奏报，仁怀厅放养山蚕，"结茧数万，试织茧绸；各属仿行，渐知机杼"。桐梓一县在道光年间（1821～1850年），用柞蚕丝织造的"桐绸"，每年贩至汉口、苏州者，不下十万匹。定番的柞蚕放养也相当普遍，每年销售种茧百余万粒。柞蚕丝产品远销云南、广西诸省，"定番绸"曾闻名于一时。黎平的柞蚕放养开始于道光末年，由当地人发起，得到知府胡林翼的捐助，种茧和工匠都来自遵义。但咸丰时因苗民起义停废。

四川、云南、湖南、安徽等省也有少数州县试放柞蚕。就在遵义引进柞蚕种并遭失败的时候，四川大邑知县也从山东取得种茧数万粒，散发民间试放，并取得相当成效。大邑的经验引起了四川按察使姜顺龙的重视。姜于乾隆八年（1743年）奏请乾隆帝在全国有椿树、青枫树的省份推广柞蚕放养。不久，四川綦江（今属重庆市）也从遵义引入蚕种，开始了柞蚕放养。到道光年间，綦江已发展为西南重要丝市。柞蚕在遵义落户不久，还南传到贵州安平（今平坝县）。道光八年（1828年），云南又从安平购得种茧和蚕具，在昆明东郊放养。自此开始了云南的柞蚕业。湖南道州（今道县）、辰州（今沅陵、辰溪一带）也在乾隆年间试点放养，并曾小范围推广。安徽来安的柞蚕业，创始于乾隆二十年（1755年）。当时的知县韩公復，是山东潍县人，见当地百姓将椿、槲等树当柴烧，连忙制止，并着手制订育蚕和种树法，从山东延聘工师到来安教民放养柞蚕。此后，县民靠柞蚕业逐渐富饶起来。

　　东北辽宁地区的柞蚕，是由"闯关东"的山东农民带去的。山东半岛和辽东半岛隔海相望。早期去东北的山东农民，大都是北渡渤海，在盖平、复县等地登陆。他们中除淘金、挖参者外，以放养柞蚕为最多。这一地区柞蚕业的兴起，也以盖平、复县等地最早，以后才逐渐向东、向北扩展，海城、安东、辽阳、岫岩等地逐渐取代盖平、复县，成长为柞蚕放养业的中心。

　　放养柞蚕，种植柞树的山场是最主要的生产资料，但是，放养柞蚕的农民，自己大多没有山场，只能像佃农租种地主土地一样，租用地主山场放蚕。在山东、辽宁地区，这种山场主称作"山主"，放蚕者称作"蚕工"。按照当地惯例，蚕种由蚕工准备，放养期间的伙食则由山主提供，按日送饭上山。收获的蚕茧山主、蚕工均分。在正常年景，放养柞蚕的收入，明显高于其他农业生产，故有"一亩蚕，十亩田"之谚。但是，放养柞蚕比一般农业生产更为辛苦，而且技术要求高，风险大。狐狸狼鼠，鸟雀蛙虫，都以柞蚕为美食。据王沛恂《纪山蚕》记载，柞蚕放养期间，必须严密看护，"昼则持竿张网，夜则执火鸣金，号呼喊叫之声，殷殷盈山谷"。即使如此，大部分柞蚕仍不免被鸟兽昆虫吞食，"所余者十才四五"。如遇上特大旱涝瘟疫，更为人力所不及，"虽经岁勤动，而妻啼儿号不免矣"。柞蚕丝和桑蚕丝一样来之不易。

柞蚕人工放养，自明代中叶开始，到清代中期，经过数百年的发展和成长，从柞树栽培，柞蚕选种、育种，上山放养，病虫害防治，到缫丝、织绸，形成了一套比较完整和细密的技术体系。其严格和讲究程度，不亚于桑蚕饲养。

柞栎树的种植，有直接穴播和育秧移栽两种方法。柞栎播种或移栽后，长到第三年的八九月，须用镰刀贴地面割掉，叫做"割槎"。来春复发，长至二三尺，到八九月再割一槎，到第三年春天，陡长到四五尺，才可用来放蚕。以后还要进行"留桩"、"去梢"、"剪枝"、"刨根"等修剪、造型和养护。留桩是播种四五年后，除留一根粗大主干作"桩"外，其余丛干全部砍掉，以便集中养分，使树桩粗壮；为便于柞蚕放养，桩高不能过四尺，必须把过高的桩梢剪去，下面的丛梢也要随长随剪，叫做去梢；桩上新发的枝条也要一年或两三年一剪。剪时一枝不留，只剩秃桩，叫做剪枝。第二年新发的枝条，称作"芽种"，用于放养秋蚕；再过一年名叫"老枊"，才用来放春蚕。另外，每隔若干年，还要把柞桩四周多余的根刨掉。这样，既有利于柞树的正常生长，又可作柴薪，因此俗名"刨火头根"。由此可见，柞栎的培育、养护，其细致和严格程度，比桑树有过之而无不及。

柞蚕的选种、留种、育种，都有一套严格方法和专门技术。选种分为选蚕和选茧两个程序。放蚕时就要挑选粗壮无病的蚕，作为种蚕，集中到一两棵树上单独留心饲养；结茧后，则通过看、捏、摇、掂，辨别种茧的优劣和雌雄，然后一定雌雄比例留种、育种。春蚕用秋茧留种。通常留种的秋茧并不立即收回，而仍留在树上，并留人看守，到冬冷雨雪时，才连枝砍下，放置清凉房间，等春天出蛾、配蛾、出蚁。秋蚕用春茧留种。春蚕结茧后，即将种茧收回摊于苇箔上，放置清凉房间，并细心察看，随时将烂茧、病茧、死茧剔除，到小暑后配种、育种。

柞蚕放养的技术要求，同样十分讲究。放养的蚕山有向阳、背阴之分。由于春夏气候冷暖不同，春蚕宜向阳，秋蚕宜背阴，但到结茧时，春蚕须移到山阴，而秋蚕须移到山阳。同时，蚕场还有蚁场、蚕场之分。孵出不久的幼蚕（蚕蚁），须在丛生幼条上放养。也有的将幼条捆成把，插于溪流浅水中，放养蚕蚁，直到头眠后，才移往山场。成蚕才能在老树上放养，放养时，要根据蚕场大小、柞栎多寡，决定放蚕数量，通常场大的放三四十千，次则二十余千，或十余千不等。放过春蚕的树，不能再放秋蚕，否则叶少蚕瘦。

柞蚕放养到树上后，还要随时留心观察，根据枝叶情况，经常转移。大抵一棵树只能供蚕儿吃两三天。因春蚕喜移，所以必须隔日一移，或一日一移。据说"愈移而蚕愈旺"，并有此山树尽而移至他山者。只是蚕眠时决不可移动。但是，秋蚕则不喜欢移动。移动过于频繁，蚕就不再结茧。一棵树必须供秋蚕吃15天左右。

对蚕的习性的了解、蚕病的防治，也都积累了一整套经验和方法。柞蚕的基本习性是喜干燥而恶潮湿。伤湿则不食，或身上生黑点；柞蚕最忌香、辛、酸、辣等物，因此，蚕场的杂木必须通通砍伐干净；它又最忌桐油、萝卜。如果误用蚕筐盛放萝卜叶，蚕一触即死。据说柞蚕最喜洁净。因此，蚕场中的污秽杂物，务必扫除干净，放蚕人的衣服也要保持清洁。山东等地蚕乡习俗，蚕工多于衣服上、斗笠上拴一红布条，作为标志，不准其他闲杂人等进入蚕场，以便给柞蚕的生长发育创造一个良好的外界环境。对于吞食柞蚕的蜂、蚁、螳螂、土蚱蜢等，那时使用的方法是在草丛中撒放砒霜拌米饭，进行诱杀。至于柞蚕茧、蛾、蚁和成蚕本身的瘟病，则主要是预防。即通过严格的选种、育种措施和科学放养，尽可能减少瘟病。

柞蚕丝的缫制也逐渐形成了一套较为规范的操作

技术和程序。据晚清王元綎（音 tíng）《野蚕录》介绍，柞蚕茧缫丝之前，要经过剥茧、炼（练）茧、蒸茧等 3 道工序，并且都有严格的技术要求。剥茧是将茧顺其丝系从树叶上剥下；练茧是用沸水掺以纯碱或草木灰等碱性物质煮练，除去部分丝胶，再通过釜蒸，去尽碱气，然后才能缫制。缫车起初为手摇车，到清代改用脚踏车，只需一人操作。缫丝日产量因丝的粗细而异，4 绪丝约 5 两，8 绪丝可缫 7 两。

3 官府和民间丝织生产

宋、元、明、清时期，官府和民间丝织生产都有明显的发展。官府丝织业有逐代扩大的趋势。但民间丝织生产发展速度更快。官府丝织业所占的比重，总的趋势在不断下降。

两宋的官府丝织生产有官府作坊和官雇民机包织两种形式。官府作坊通称"院"、"场"、"务"、"所"、"作"等。北宋在京城少府监下设有绫锦院、染院、文绣院等，专门从事绫锦绣货等染织生产。绫锦院有织机 400 余张、兵匠千余人。南宋时，又在杭州新设绫锦院，有织机数百张、工匠数千人。少府监属下的文思院中，也设有绣作、缂丝作等丝织生产作坊。除京城外，在南北各主要蚕桑区，都设有官府丝织作坊，生产绫、绮、䌷、縠、罗、锦等丝织品。

宋代官府丝织作坊的生产者来源和身份，同前代相比发生了很大变化，用民间招募的"兵匠"取代了过去的官奴婢。兵匠有军籍，须终身服役，但不是无偿征调，而是支给一定数量的工钱，是一种介于征调和雇佣之间的"差雇"形式。

除了官府作坊，宋代还有类似唐代织造户的官雇民机包织形式。具体方法是由官府预支蚕丝、染料、工资，由机户按照官府的规格要求，雇工织造，产品由官府统一收购。四川地区曾普遍实行这一办法，仁宗景祐年间（1034～1037年），仅梓州（今三台等地）就有官府包织机户数千家。

元代的官府丝织生产分为两大类，一是属于宫相总管府下专为宫廷织造缎匹等的机构，下面分设织染局、绫锦局、纹锦局、中山局、真定局、弘州纳石矢局、荨（音qiān）麻林纳石矢局、大名织染提举司等；一是属于工部管领的专为诸王百官织造缎匹的大都人匠总管府，下设绣局、纹锦总院、涿州罗局等。

元代官府丝织生产规模十分庞大。蒙古族统治集团在灭南宋过程中和建立元王朝后，从各地尤其是江南虏获和征调丝织工匠，充实北方"腹里"的官府丝织生产机构。各地官府丝织作坊的人匠动辄数百人或千余人，金陵东、西织染局的工匠更多达3000多户。

明代的官府丝织业比元代更为膨胀。单位之多，分布之广，都是前所未有的。

明代官府丝织作坊分属中央和地方两大系统。属中央的有4个织染局，即南、北两京内、外织染局，南京神帛堂和供应机房。南京内局又称"南局"，隶属工部，有织机300余张、工匠3000余人，专门生产皇室用丝绸；北京外局生产皇帝犒赏文武诸臣所用丝绸；神帛堂隶属司礼监，生产祭祀和犒赏用丝绸。

属于地方的织染局数量更多。在全国丝织业比较发达的地区，都有地方官府设置的织染局。其中织染局最多的是浙江和南直隶（今江苏、安徽），分别设有织染局10处和6处。规模最大的要数苏州和杭州两局。嘉靖时苏州局有房屋245间，织机173张，各色人匠667名。永乐年间杭州局有房屋120余间。

各官局的工匠分别来自军队和民间，故有"军民匠"之称，都属于无偿徭役，民匠从民间匠户抽调服役。工匠服役期间，一个月干10天活，其余20天自由支配。军匠给粮8斗，民匠4斗。除强派徭役外，还采用领织的方法。苏杭一带每年领织的机户多达数千人。

明代的官府丝织作坊几度兴衰，到明末崇祯年间，几乎全部停废。

清代的官府丝织生产机构，主要是北京的内织染局和江宁、苏州、杭州3处织造局。

清王朝建立时，明代遗留的江南三个织造局早已停废或残破不堪。清朝统治者占领江南不久，即派内务府官吏着手恢复织造局。顺治初年（1644年），江宁等三织造局都已修复或扩建。修改、扩建后的杭州局有机房、库房300余间；苏州局和江宁局分别有铺机450张和600余张。到康熙年间，江南三织造局共有织机2165张。掌管织造的官员都是由皇帝的亲信担任。江宁局的织造从康熙初年开始，一直由《红楼梦》

作者曹雪芹的祖先世袭，直到雍正时才替换。

北京内织染局设于地安门内，开始时隶属工部，康熙三年（1664年）移归内务府管理，额定织机32张，匠役825名。

织造局的生产者由官府从民间招募，多是世代相袭的工匠。他们的待遇很低，每月只有5斗口粮和极其微薄的工价，没有人身自由，如有"过失"，要受鞭刑。清代初年沿用明代的匠籍制度，工匠要缴纳代役银（"班匠银"）。后来因工匠不断逃亡和反抗，班匠银征收困难，清政府把班匠银摊入田赋，对工匠的控制才逐渐放松。织造局的规模也开始缩小，用"领机给帖"或"领织"的方式部分取代原来的集中生产。

所谓"领机给帖"，是由织造局物色丝织技术精湛的机匠，由他们领取织造局的官机和执照（"给帖"），执照载明领机人的姓名、年龄、籍贯、织机型号、台数等。领取官机的机匠称为"机户"或"领机"。遇有织造任务，由织造局发给蚕丝和其他材料，由机户雇募机工织造。机户一般领用一两台机子，每台织机每年可领取银洋24元、俸米3.6石。而机户雇用的机工只领口粮而无工银，口粮额略高于织造局的织工。织造任务完成后，机工即被遣散，自己另谋生计。

所谓"领织"，是由官府发钱给民间机户、机匠买丝织造，然后由官府按官价结算收购。通常官价远远低于市价，不少机户因领织官绢和遭受低价强买的盘剥，纷纷破产。

宋、元、明、清时期的民间丝织业，除元代前期外,总的来说,比官府丝织业有更大的发展。

宋、元、明三代仍然征收丝帛实物税。北宋田赋中的布帛丝绵类实物税共有10项,其中除布葛1项是麻、葛织品外,其余9项全是丝和丝织品。元代规定按户等高低,向政府缴纳"丝料",最高每2户出丝1斤,叫"二户丝";每5户出丝1斤的叫"五户丝"。明代洪武初年规定,农民须按土地比例栽桑养蚕,4年升科。不栽桑的要罚缴绢1匹。封建统治者的这些措施,大大加重了农民的经济负担,但在客观上也有促进蚕桑丝织业发展的作用。为了缴纳丝帛实物税,丝织业作为农民家庭副业,在明代棉花种植全面推广以前,仍呈扩大趋势。南方地区尤为明显。如宋代的浙江越州,"习俗务农桑,事机织,纱绫缯帛岁出不啻(音chì)百万,兼由租调归于县官者十常六七"。产品的2/3必须用来缴税,这种丝织副业的发展可以说是被迫的,这就限制了它的生产规模和发展速度。

相对于副业性丝织生产而言,这一时期的专业性和商业性丝织生产的发展速度更快。宋代后,民间的蚕丝生产和织绸生产开始分离,农户养蚕缫丝,但不一定自己织绸,而是把蚕丝卖给专门织绸的机户,南宋诗人范成大有一首题为《缫丝行》的诗,生动地描述了这种情形:

小麦青青大麦黄,原头日出天色凉。
姑妇相呼有忙事,舍后煮茧门前香。
缫车嘈嘈似风雨,茧厚丝长无断缕。

今年那暇织绢着，明日西门卖丝去。

这家农户去年可能还自己织绢，而今年因没有"闲暇"，不再织绢了。在城内，随着丝织工匠人身的逐渐解放，涌现出一大批个体丝织业者和私人丝织业作坊，官吏商贾在自己家里开办丝织作坊的也不少。北宋文学家欧阳修题为《送祝熙载之东阳主簿》的诗中写道："孤城秋枕水，千室夜鸣机。"可见当时城市民间织绸业已经十分兴盛。专业织绸户不限于城镇，农村也不少。如明代的浙江嘉兴，近镇村坊都以织绸为业；江苏震泽县的震泽镇，"近镇各村尽逐绫绸之利"；山西潞安，以织绸为业的多达数千家。

明、清时期，随着民间丝织业的不断发展，在官府丝织业所在的南京、苏州、杭州等丝织业中心之外，又相继涌现一批新的丝绸重镇，如浙江仁和的茧桥，海宁的硖石，乌程的南浔、乌青，吴兴的菱湖、双林，嘉兴的王江泾，桐乡的濮院；江苏吴江的盛泽，震泽县的震泽镇等，织造绸缎是镇上和邻近农民的主要职业。如濮院镇，居民"以机为田，以梭为耒（音 lěi，古代农具）"。王江泾镇居民7000余家，多织绸缟而不务耕绩。双林镇自明代隆庆、万历后，居民即以织造绫、绢为业，成为生产绫绢的名镇。盛泽镇自明中叶后，镇上仅丝绸牙行，即达千百余家，可见丝绸生产和交易的发达。即使在官府丝织业集中的江宁、苏州、杭州等城市，民间丝织业在人数和产量上也已超过官府丝织业。江宁在清代乾隆、嘉庆时，全城仅缎机就达3万台,纱绸绒绫各机还不在其内。苏州东城,"比户皆织",机户"不啻万家"。道光年间的杭州,机户也以万计。江苏镇江、四川成都、山西潞安以及广东珠江三角洲地区,民间的专业丝织业也都有明显的发展。

4 主要丝织品种及其产地

宋、元、明、清时期,丝织品的花色品种和质量都有新的突破和进步,达到了更高的水平。

在原来已有的传统丝织品中,各大类品种都有所创新,有所发展,以锦、缎、绫、绒、缂丝等的创新和发展最为突出。宋代的织锦,元代的织金锦("纳石矢"),明、清两代的云锦、妆花缎、妆花绒缎,都是异常名贵的丝织品种,在丝绸发展史和工艺美术发展史上都有十分重要的地位。

织锦是两宋丝织生产中的主要品种。名目极其繁多,元代陶宗仪的《辍耕录》一书中,记载的宋代锦名就将近40种,其中最为名贵的是八答晕锦、天下乐锦、翠毛狮子锦等。八答晕锦是成都官府丝织作坊专门织造的上贡锦。它的纹样采用多边几何形图案和自然形图案相结合的晕色花纹,这种图案直到清代还在流行。天下乐锦是皇帝每年端午和十月初一用于赏赐文武百官的"臣僚袄子锦"中的一种,织有灯笼图案,隐含"元宵灯节,君民同乐"之义。翠毛狮子锦则是用南方翠色羽毛捻成线织成狮子纹样的织锦,也是皇帝赏赐大臣的贵重赏品。

宋代还大量生产主要用于书画、屏风、条幅等装裱的织锦。这种织锦通常称为"宋锦",以区别于传统的蜀锦。它主要产于江浙一带,是继蜀锦后出现的第二个名锦。纹样繁复,色彩丰富而淳朴,晕裥相宜,古色古香。图案可分为大锦、合锦和小锦3种。大锦多为狮、鹤、孔雀、鸳鸯、莲花等吉祥动植物纹样,最为精细,多用于贵族袍服和名贵书画裱潢;合锦多用和合形、对称连续的横条形图案;小锦花纹细小,多用月华、万字、龟背、古钱套、波浪、席地纹图案,用于书画裱潢。

缂丝是宋代十分盛行的另一种丝织品,不但数量多,而且十分精细。缂丝织法与古代的"织成"大体相似,所不同的是"织成"的花纹部有通纬,缂丝则没有,因而在花纹与地纹连接处呈现明显的断痕,如同刀刻一样,故缂丝又称为"刻丝"。

宋代缂丝以定州(今河北定县)所产最著名。当地织造缂丝完全不用大机,只用木棍挂经,用小梭按图案织纬。其图案如同雕镂,十分精巧,立体感很强,但非常费时,织一件女服衣料,需1年时间,必须有高度的耐心和技巧。除了定州,还有不少地方生产缂丝。北宋官府丝织作坊设有"克丝作",专门生产缂丝。北京故宫博物院收藏的"紫鸾鹊谱"残片(见图16),是北宋缂丝中的代表。

南宋时,缂丝技术南移,浙江临安(今杭州)也成为缂丝的重要产地。这时的缂丝织品逐渐由原来的

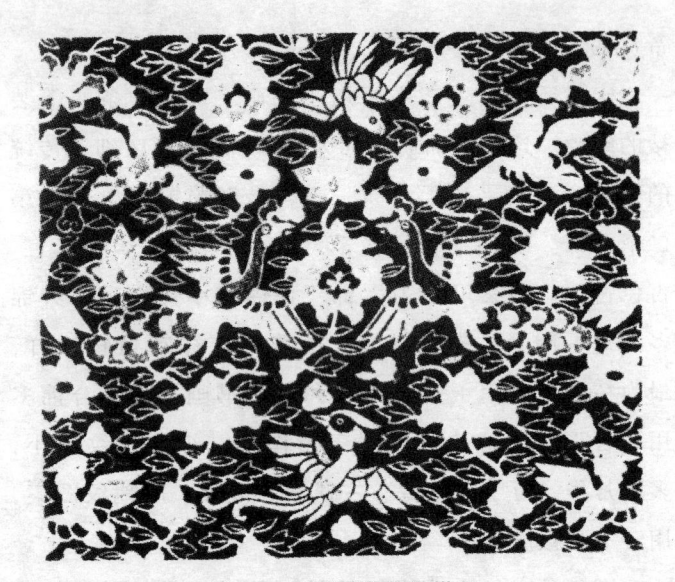

图 16 宋代紫鸾鹊谱缂丝

服饰材料演变为供欣赏的艺术品。有的缂丝模仿名人书画非常逼真，如同真迹。在临安附近的云间（松江府）涌现出一批如朱克柔等极有名的缂丝艺术家。

宋代北方少数民族地区的缂丝也十分流行。当时回鹘人用五色丝线所织的缂丝袍料，甚为华丽。近年来，辽宁和内蒙古地区辽代墓葬中都有缂丝实物出土，从其图案纹样看，属辽自产。

元代丝织品的最大特色是织金锦的盛行。元代称织金锦为"纳石矢"或"金搭子"。我国古代许多游牧民族贵族，大都喜欢用织金锦做的服装。元代统治者的官服和帐幕等，大多用织金锦缝制，并在弘州（今河北阳原）、大都（今北京）等地，都设有专局从事织金锦的制造。

织金丝织品在宋代已经大量出现。除织金锦外，还有织金罗、织金纱、织金缎。但是，由于宋朝统治者严格禁止民间穿着饰金织物，官宦贵族也只限于命妇。这就使当时的饰金织物生产不可能自由发展。元代放宽了对饰金织物使用的限制，使饰金丝织生产有了更大的发展。

元代的织金锦的用金方法，主要有片金、圆金（拈金）和软金三大类。片金是把金碾成箔、切成丝，嵌织在织物中；拈金是将金箔包裹在丝线外面，成为圆形的金线，同丝线交织而成；软金是将丝线染以金粉，而成金线。1970年新疆乌鲁木齐南郊盐湖古墓出土的油绢袄子，所用的织金锦镶边，既有片金锦，也有拈金锦。

除了织金锦，元代的饰金织物还有织金缎、织金罗等。缎在宋、元时期已很盛行，福州南宋黄昇墓中有缎织品实物出土，元代缎出土更多，江苏无锡、苏州和山东邹县等地都有不少元代缎类实物被发现，苏州出土的元缎中就有织金缎。织金在缎组织上的应用，表明元代的织金技术又有了创新和发展。

明、清时期的丝织品种更为丰富多彩，各种花色推陈出新，争奇斗艳，其手工织造工艺已达到炉火纯青的程度。

在众多的明清丝织品种中，最具代表性的要数云锦和丝绒。

云锦本是传统丝织品种，历史悠久，因花纹瑰丽，有如天上彩云，故称为"云锦"，以南京所产最

五　宋元明清时期的蚕桑丝织业

为有名。云锦是在蜀锦和宋锦的基础上发展起来的,到明代已形成自己的独特风格,成为和蜀锦、宋锦齐名的古代三大名锦之一。云锦采用大量金线织制,比用彩色丝线配织的蜀锦、宋锦的色彩更为艳丽辉映,但又不同于元代的织金锦。云锦的织法另有自己的特色。

明、清云锦的典型产品有库缎、库锦和妆花三大类。在缎纹上起本色或其他单色花纹的称为"库缎",如果其中某些花纹采用金丝织出,则叫"装金库缎";花纹全部用金丝或银丝织出的称为"库锦",如果除金银丝外,还用多色彩绒装饰局部花纹,使织物更加艳丽的叫"彩花库锦",在缎纹上起五彩花纹的称为"妆花",是云锦中最华丽和最有代表性的织品。妆花的花纹是采用"挖花"织法,即缂丝使用的通经回纬方法,同时大量采用片金和拈金。在同一纬向的花纹上,往往配置多种不同颜色的丝线。一件织品所用的颜色,有时多达30种以上,因而比一般织锦色彩更丰富。云锦中还有一种被称为"金宝地"的品种,是织金与妆花技巧相结合的华丽珍品。其织造工艺是用拈金线织满地,再在满地金上用各种彩色丝线织出绚丽多彩的花纹,彩色花纹又用片金线包边,有时还在彩花之间穿插一些用片金、片银所织的花纹,产生金碧辉映的华丽效果。

云锦的纹样图案也有自己的特点,大多以龙、凤、仙鹤、牡丹、莲花等祥瑞鸟兽、富贵花卉作为主体,以各种自然变化的云纹作为衬托,无论鸟兽花草还是陪衬的云彩,都是千姿百态,栩栩如生。云有行云、流云、朵云、片云、团云、巧云、回合云、如意云和合云等,既写实,又写意,风格独特。配色多用温暖明快的色调,敷色自然,繁而不乱,艳而不俗。

需要指出的是,妆花是云锦中的一个名贵品种。但是,妆花作为一种丝绸织花工艺技术,它的应用范围并不限于云锦,而是广泛应用于绢、绸、纱、罗等丝织品和麻、棉、丝交织品。明、清时期,各种各样的妆花品种,名目繁多,举不胜举。明代大奸臣严嵩(音 sōng)被抄家时,抄出的妆花类丝织品,除妆花锦、妆花缎,还有各种妆花绢、妆花䌷、妆花纱、妆花罗、妆花丝布、妆花云布等,总共有17种。

妆花绢、绸、纱、罗和妆花布中,都不乏名贵精品。1957年北京定陵出土的明神宗朱翊钧的一件妆花纱龙袍,可以说是当时妆花纱中的极品。材料除了金线外,还使用了孔雀尾羽。整件袍以大红绞纱为地,前后襟绣五彩加金潮水云龙,两肩、两袖口绣五彩加金云龙。花纹以金线包边,龙身用孔雀尾捻线织出鳞纹。表面荧光闪耀,妆花五彩缤纷,整件袍料图案布局严谨,主次相宜,气势磅礴。

妆花丝布和妆花云布,分别是西南和西北少数民族地区的特产。丝布是以麻、棉作地纬和经线,蚕丝作纹纬线交织而成的,以纬丝显花,看上去花明地暗。傣、壮、瑶、侗和土家等兄弟民族的妇女,都善于织造各种花色优美的丝布。云布是先把经丝绞染成花,然后织成的。花纹若隐若现，是维吾尔等新疆兄弟民族妇女喜爱的衣料。

丝绒是明、清时期另一类著名的丝织品种。它是在元代漳绒的基础上发展起来的。丝绒织品表面有凸起的细软绒毛，柔软而华贵。丝绒品种很多，大体分为素绒、彩色花绒和丝绒毯3大类。南京、苏州和福建漳州等地都生产丝绒。明代南京有绒织机7000余台，孝陵卫一带是当时最有名的丝绒产区。产品中以妆花绒和金彩绒最为名贵。南京的绒与苏州的缎、杭州的罗齐名，故有"京绒、苏缎、杭罗"之称。

素绒是在统幅织物表面凸起整齐划一的绒毛，外观素静光洁，手感柔软舒适，保暖性能好。漳绒、建绒、卫绒等都是素绒。素绒又分为单面绒和双面绒两种。北京定陵和苏州王锡爵墓都有双面绒出土。

彩色花绒有提花绒、妆花绒、雕花绒、金彩绒、彩经绒等多个品种。妆花绒和提花绒都是在缎地或纱地上起彩色绒花，如漳缎、剪绒纱等。漳缎在清代极为盛行，多用作宫廷和官宦贵族的服饰面料。绒花纹样图案，以团龙、团凤、团寿字等团花为主。雕花绒是在统幅织物上布满绒圈，然后按图案设计需要，将花纹部绒圈割开刷毛，即成绒圈地上显绒毛花的雕花绒，多用作挂屏等室内装饰品。彩经绒统幅织物表面均是绒毛，而靠经丝的不同颜色显示花纹。如条子彩经绒就是用彩色绒经排列成条子而形成条纹的丝绒织物。丝绒毯则是手工编织的栽绒丝毯，主要产于新疆和田。喀什、阿克苏等地还有用金银线编织的栽绒丝毯，外观十分华丽。

此外，这一时期的丝织品，还有用柞蚕丝织成的茧绸，主要产于山东、河南、贵州等地。茧绸用手工捻线，织物有自然的疙瘩花纹和珍珠般的光泽，穿着舒适，牢固耐用，在国外市场享有很高的声誉。

丝织印染技术的新发展

宋、元、明、清时期，丝织生产从缫丝、捻绸到练漂、印染的整个过程，生产工具和工艺技术，都比以前有明显的改进和提高。

自宋代后，从缫丝、捻丝到整经和上机织造，各个工序都有专用工具，而且出现了一些描绘准确的图像，有专著、专文介绍评述，使我们能对当时的工具和操作情形，有更具体和直观的了解。北宋时已发明和使用脚踏缫车，北宋秦观的《蚕书》和南宋梁楷的《蚕织图》，分别说明和描绘了它的形制和构造。脚踏缫车的使用，是古代手工缫丝机具改进中的重大成就，它用脚踏驱动丝籆（音 yuè），代替了原来的手摇，这样，操作者可以腾出双手进行索绪、添绪等工作，从而大大加快了缫丝速度。

宋代缫车有南北两种类型，从元代王祯《农书》所绘两种缫车的形制看，北缫车的车架较矮，机件较全，丝的导程较短；南缫车则相反。缫丝方法根据水温也有冷盆和热釜之分。南方多用冷盆，北方喜用热釜。经元代南北技术的交流互补，明代形成了北方缫车和南方冷盆相结合的缫丝新方法，并对缫丝机具和工艺作了改进，缫丝技术和效率都明显提高。"双缴丝"（即一人同时缫两缕丝）的缫丝技术，已被普遍掌握和采用。煮茧也由原来的一锅一釜改为一锅两釜，原来2人一灶每日缫茧10斤（出丝10两），现在5人一灶缫茧30斤（出丝30两），不仅节省了燃料，而且提高了劳动生产率。

　　丝绸的织造，宋代除继续使用唐五代已有的普通卧机、立机外，有了专用的绫机和花罗机，并被绘成图像。《蚕织图》中所绘的绫机图，是迄今所见到的最早、并且相当完善的提花机图；楼璹（音 shú）的《耕织图》则绘有花罗机图。花罗机和绫机的形制基本相同，但花罗机配置了双经轴，这是为了避免绞经和地经因张力不同，引起织缩不同而专门设置的。

　　元代的丝织机有素机（卧机、立机）、花机、罗机、熟机（用于织小提花）和云肩栏袖机（织妆花用）等多个种类，并有专门著作进行介绍和评述。王祯《农书》的"农器图谱"中，专列"织纴（音 rèn）门"，对丝篗、经架、纬车、络车、织机和梭子等丝织机具，一一绘图，并作文字说明。木工出身的山西薛景石，在他编写的木工技术专著《梓人遗制》中，在对各种丝绸织机进行介绍和评述的同时，还对机具每个零件的名称、尺寸、安装位置和方法等，一一作了绘图和文字说明，有力地促进了织机的规范化。

　　明、清时期，丝绸织机在前代基础上又有新的改进和发展。一方面，织机种类增多，可根据丝织物品种选择使用相应的织机种类,如织绢、绸、帛等平素织物可用小机或腰机;织纱罗织物可用罗机子;织提花织物可用花楼提花机等。而且,各种类型的织机结构进一步完善,尤其是提花机,从明代宋应星《天工开物》中绘制的图样看,结构已经相当完善。另外,明代还有一种经过改良的缎机,叫做"改机"。原来的缎机都是5层,弘治年间(1488～1505年),福建有个叫林洪的织工,将它改为4层。用4层改机织出的缎,比过去5层缎更为细薄实用。至清代,织机及其配件的制造,进一步发展为专业化生产。织机种类更多,结构更为复杂精巧,如江宁制作的缎机,名目达百余种,最精巧的织机,经缕有多至1.7万头的。另一方面,出现了织机功能的多样化,可以一机多用,如明代的提花机,既可织提花织物,又可织素罗或小花纹织物。织素罗或小花纹织物时,只需在机上加综框,而不用花楼提花即可。同时,只要根据机式适当调整织机摆放(平放或倾斜)和张经方式,调节打纬力量的大小,或改变叠助木的重量,就可织造不同厚度和密度的品种。在清代,一些地区的织机既可织素,又可织花;既可平织,又可提花,变换十分方便。有一种织机既可织宁绸,又可织贡缎。四川式的巴缎机、浣花缎机等,都有花织、素织两种功能。织机功能的多样化,促进了各地丝绸品种多样化的发展。

此外,还有一种用于织造丝带的"栏杆机"。一些兄弟民族喜欢用平行的几根丝带,一道道并列组成衣裙边饰,看上去很像栏杆,因此将这种衣裙镶边丝带称为"栏杆",织造这种丝带的织机则称"栏杆机"。

丝带是古代章服和一些兄弟民族服装必备的丝织品,最初为手工编织。隋、唐后,随着丝织技术的进步,机织丝带发展起来,唐代官府的织染署中设有专门生产丝带的作坊。北宋时出现了彩色绦带,并被用来捆扎经卷。这些丝带多为平纹织物,栏杆机也是平纹素织机。元、明两代,西北、西南地区的回、维吾尔、蒙古、藏、苗等兄弟民族服饰对提花和嵌有金线的丝带需求大增,江南地区的妇女也很喜欢这种丝带,金线提花丝带很快普遍发展起来。江南织锦业中出现专门织造提花丝带的栏杆行,江宁、镇江一带农村则以织带为家庭副业。花色品种繁多,栏杆机也日趋完备和复杂。栏杆机一般能同时织造8~16片丝带,多的可达20~30片,每片宽2~5厘米,多为小型花纹,也可配用束综提花,织制大型复杂花纹。

宋、元、明、清时期,练漂印染生产和工艺技术的发展也是十分明显的。

丝帛的练漂,宋代后,捣练已由两人对立单杵竖捣发展为两人对坐双杵卧捣。捣练方法的改变,减轻了劳动强度,提高了劳动生产率。元代王祯《农书》说,捣练"今易作卧杵,对坐捣之,既便且速,帛易成也"。明代徐光启《农政全书》和清代《授时通考》,都有对坐双杵捣练法的记载。灰练在元代时,则开始采用碱练同酶练两者相结合的新工艺。即先用酽(音 yàn)桑、荞麦秆等草木灰沸水煮练,然后用猪胰灰浸泡。草木灰的碱练可加快丝帛脱胶速度，提高脱胶效果，而猪胰的酶练有减弱碱对丝素的影响，增加丝帛光泽的作用。明代及其以后，一直沿用这种二次脱胶工艺。

印染的发展突出表现为染色、印花工艺的创新，生产经验的积累和内部专业分工的发展，以及色谱的更加丰富、染料品种的增多和染料提炼技术的提高。

宋代后，在染色工艺方面，媒染剂和媒染工艺的采用越来越普遍。白矾和绿矾是宋代最常用的媒染剂，矾矿的开采和烧炼由官府直接经营。由于矾受到控制，江南民间多以碇花等草木灰代替矾充当媒染剂。元代时，媒染剂的种类又增加了黄丹、栗壳、莲子壳等。媒染剂的使用有单媒、多媒、预媒、同媒、后媒等不同名目和方法，媒染工艺更趋熟练，染色效果更好。

丝绸印花生产和工艺，在宋、元、明、清时期有了新的发展，各种染缬丝绸长盛不衰。宋代夹缬除民间服饰外，越来越多地用于公服、军服、号衣。原用锦绣制作的许多公服，都改用缬罗；辇官服饰一律用缬绢。为防止军民、官民服饰混淆，北宋政府曾禁止民间服用皂斑缬衣和染制缬类织物，不许市场买卖缬版，京师百姓甚至不准穿黑褐地白花衣服，到南宋才逐渐解禁。此后，夹缬染色在民间再度广为流行。蜡缬由于其染色温度和色谱上的局限，宋代后，中原地区的蜡缬工艺逐渐为其他印花工艺所取代，但在兄弟民族地区,仍继续发展扩大。瑶族、苗族、仡佬族的蜡缬制品都很有名。

染缬中的凸版印花,仍大量使用印花和彩绘相结合的印彩工艺,但有改进,即按设计纹样,先用木板雕出阳纹图案,再将涂料色浆或胶黏剂涂在花板上,在丝织物面上印出图案底纹,然后再用手工敷绘或勾勒。这种新工艺部分取代了手工描绘,提高了印彩效果和生产效率。当时镂空版的印花用料和方法,可分为好几种,如植物染料印花、涂料印花、色胶描金印花、洒金印花等。元代大量流行印金、印银丝织品。宋代已有印金工艺,但主要用于衣襟局部,元代则发展到印于整件衣服。

宋代后,镂空印花版的材料开始用桐油竹纸取代原来的木板,不仅大大降低了材料成本,提高了雕版速度,而且印花质量明显提高。为了解决因染液渗浸造成花纹轮廓模糊的问题,在染液加入胶粉调成浆糊后再印花,花纹更加清晰。在丝绸印花中,一直采用绞缬、蜡染等纺染工艺措施。明代时,为了适应大量印染深底白花的丝、棉织品的需要,利用某些化学物质的退色作用,创造了"拔染"新技术。由被动的"防"改为主动的"拔",大大提高了印染生产效率,这是印染工艺技术上的新突破。直到今天,拔染技术仍为印染行业所普遍采用。

在西北少数民族地区,宋代时还出现了扎经染色的特种染色工艺。扎经染色是采用经丝分批扎结、染色,再以白色或浅色纬丝,织造经浮较多的花纹织物。

它的工艺流程比较繁复，大致分为绘样、扎经、染色、拆经、对花、匀经和织造等7道工序。扎经染色的扎结和染色原理，同绞缬防染相似，但能获得绞缬和普通色织无法达到的艺术效果。扎经染色在西北各少数民族地区广为流行，新疆维吾尔族把这种丝织物称为"爱的丽斯绸"，即花绸。爱的丽斯绸是深受维吾尔、哈萨克民族妇女喜爱的名贵衣裙材料。1975年在宁夏银川西夏墓还出土了一件扎经染色的"茂花闪色锦"残片。

这一时期，染色的色彩也比过去更加丰富。有人根据元代一些历史文献记载，对丝绸染色色彩名称进行分类统计，红、黄、青、绿、紫、褐、黑、白等8类颜色，共计色名达68种，其中褐色类的色名就有30种。明代《天工开物》中的"彰施"篇列举了当时27种染色及其染制过程。其中17种是上述元代68种色名中所没有的。而且，《天工开物》开列的染色的色名，显然是不全的，这说明这一时期染色色彩越来越丰富。染料种类也在增加，如元代就增加了几种新染料，其中有产于西北的回回茜根（染绛色），产于东北的牛李（即鼠李），用染绿色，后来成为"中国绿"。此外，还有民间使用的土染料，如荆叶、榛皮、桑皮等。

随着印染生产的不断扩大，各地的印染作坊数量增加，并出现了内部专业分工。宋代时，夹缬印花已开始专门化。据记载，河南洛阳一个姓李的染工，擅长镂刻印花版，人称"李装花"。明代一些地区的染坊已有明确的染色分工，如蓝坊染天青、淡青、月白，红坊染大红、桃红，杂色坊染黄、绿、黑、紫、古铜、水墨、血牙、驼绒、虾青、佛西金等色。并且开始形成地域性，某一地区以染某一种或某几种颜色出名，如京口（镇江）以染红色出名，染蓝色则以福州、泉州、赣州为著，南京则善染玄色。到清代，随着染色技术的发展，开始形成染色的不同地方体系，如著名的有"湖州染式"、"锦江染式"等。其他地区的染色也各有特长，如南京的天青、玄青，苏州的天蓝、宝蓝、二蓝、葱蓝，镇江的朱红、绛紫，杭州的湖色、淡青、雪青、玉色、大玉，成都的大红、浅红、谷黄、鹅黄、古铜，等等，都十分有名。

6 丝织业中资本主义萌芽的产生

明、清时期，随着民间丝织生产尤其是商品生产的发展，丝织业内部的生产关系和经营方式逐渐发生变化，出现了资本主义生产关系的萌芽。

明中叶后，由于吏治腐败和匠役不断逃亡，技工短缺，生产下降，官府丝织手工业明显衰落。如北京的外织染局，原设人匠758人，到嘉靖七年（1528年）只剩下159人；南京的神帛堂，原有人匠1200余人，到万历年间（1573~1619年）仅有800余人。丝织品的产量也明显下降。包括苏州、杭州在内的各省地方织染官局，原额每年解缴各类丝织品35436匹，万历后降至28684匹，减少了近1/5。同时，由于技术力量缺乏，产品质量明显下降。

在这种情况下，明朝统治者不得不对官府丝织手工业原有的生产关系作某些调整，有的地方官局鉴于匠户大量逃亡，难以形成生产规模，于是蠲（音juān）除现存匠户徭役，令其按丁缴纳银两；江西、湖广、河南、山东等地，也将原来就地织造和缴纳的丝织品实物，按匹折价，改纳现银。官府拿着这些代役银和折价银，到民间购买丝织品。苏杭官局也由原来的匠役集中生产改为由民间机户"领织"，江苏常州、镇江和浙江金华、衢州、温州、台州等当地织造和解缴的丝织品，也都改征折价，集中到苏杭等地招民间机户领织。这样，一大批官府丝织作坊随之消失。到明代崇祯元年（1628年）苏杭两官局停闭，所有的官府丝织作坊几乎全部停止生产了。

清初虽然恢复了官府丝织手工业，但同明初的官府丝织业相比，性质上已有很大差异。清政府于顺治二年（1645年）宣布废除匠籍制度，江南三织造局采取了"领机"和雇工制度，或将官机交民间殷实机户承领（俗称"机头"），再由他们雇匠织造，或由民间富户充当"堂长"，由堂长买丝招匠织造；或由官局买丝招匠，按官定规格织造。这些官局工匠，虽然仍有"官匠"身份，但已经是领取口粮、工价的半自由雇佣劳动者了。至于承领官机的富户，自己本有相当数量的织机，承领的官机数量不多，每户仅一两张，他们的主要身份仍是民间机户。从总体上说，清代的官府丝织业，已经基本上是劳动雇佣制度了。

　　封建匠籍制度的瓦解和废除，官府丝织作坊的停闭，消除了民间丝织业发展的一大障碍，为民间丝织生产，尤其丝织商品生产的发展提供了有利条件。于是，明、清时期丝织业最为集中的江浙地区，从事丝织商品生产的民间机户数量迅速增加。明代万历中，苏州东北半城居民，几乎全是丝织机户。明末时，苏州全城民间机户多达3万人，杭州东城居民均以织绫锦为业，农村以丝织为家庭副业的生产者中也不断分离出专业机户。到清代，机户数量进一步增加。乾隆、嘉庆年间（1736～1820年），江宁、苏州、杭州3地约有织机八九万台。

　　各机户的生产规模和经济状况互有差异，但绝大多数是只有一两张织机的小商品生产者，经济地位很不稳定，市场竞争、封建捐税和天灾人祸等，随时可能使他们中一部分人贫困破产。因此，机户在不断发生贫富分化，少数机户经济地位上升，生产规模扩大，由此发家致富。冯梦龙《醒世恒言》一书描写的施复织绸发家的故事，是不少人都熟悉的。明代嘉靖年间（1522～1566年），盛泽镇上有个叫施复的，以养蚕织绸为生，开始时只有几筐蚕和一张织机，但因技术好，绸价高，迅速发家，不到10年，绸机增加到三四十张，积累家财"数千金"。据说苏州"以机杼（音zhù）致富者尤多"，张毅庵、潘壁成等都是靠织绸而至大富的典型例子。而更多的机户经济地位下降，乃至贫困破产。于是，机户分化为大户、小户。江浙丝织机户中的大户、小户分化，早就存在。明代中后期，随着丝绸商品生产的发展，这种分化明显加快和加剧。

随着机户的贫富分化和大户、小户的出现，民间丝织业的生产关系开始发生变化。大户通过积累，增加织机，雇工织绸，不断扩大生产和经营规模；小户一部分自机自织，一部分完全丧失生产资料，只能出卖劳动力，替大户织绸为生。这样，大户、小户之间就出现了某种雇佣和被雇佣、剥削和被剥削关系。明中叶后，苏州、盛泽镇等地的普遍情况是，机户"有力者雇人织挽"，"大户张机为生，小户趋织为活"。据说，"大户一日之机不织则束手，小户一日不就人织则腹枵（音 xiāo，空虚）"。雇工织绸的大户被称为"机房"或"机户"，"机户"的雇工被称为"机手"或"机工"。万历时就有记载说，在苏州，"机户出资，机工出力，相依为命久矣"。当地佣工为生的机工多达数千人。

在苏州，由于出卖劳力的机工人数很多，早在明代就出现了机工劳动力买卖市场。每天在市场待雇的机工有数百人。清代时，雇工市场还按技术工种划分区域，织缎工在立花桥，织纱工在广化寺桥，纺丝车匠在濂溪坊，每处市场都有机工自己的"行头"管理。

机户到市场雇工织绸叫做"呼织"。最初，机户和机工之间只是一种临时和松散的雇佣关系。随着时间的推移，主雇关系趋向固定化。到清代前期，已是固

五 宋元明清时期的蚕桑丝织业

139

定性雇工为主，但同时仍有一部分临时性雇工。康熙年间苏州的一则资料生动说明了这一情况：苏州织工"各有专能，匠有常主，计日受值，有他故，则唤无主之匠代之，曰唤找，无主者，黎明立桥以待"。由于"匠有常主"，主雇关系已相对固定，到市场待雇的只是那些无主机工了。但从资料所说的市场情况看，没有"常主"的机工数量仍然是很大的。从这则记载还得知，机工是"计日受值"，即采用的是计时工资。但也有采用计件工资的。苏州另一则雍正十二年（1734年）的记载说，机工"工价按件而计，视货物之高下，人工之巧拙，以为增减"。从主雇关系和工资报酬看，这些机工都是自由雇佣劳动者。

使用雇工的机户或机房，主要是由小生产者分化出来的。在苏州，由于小生产者的不断分化，雇工织绸的机户不断增加，到清代已是"机户类多雇人工织"、"出资经营"了。这类使用雇工的机户，织机和雇工数量大小不等，大的有几十张甚至几百张织机，雇有几十名甚至几百名机工。前面提到张毅庵有20余张织机，施复有三四十张织机。还有个叫郑灏（音hào）的，家有织帛工、挽丝佣各数十人。清代山东淄川，一户姓毕的地主兼丝织机房主，鸦片战争前夕有织机20张，同期的江宁，有的机房织机甚至多达五六百张。

从有关资料记载看，这些规模较大的机户或机房中，有相当部分甚至大部分使用自由雇佣劳动，从事商品生产，并用所得利润进行扩大再生产。这样的经营方式和生产关系,既不同于封建官府作坊,也不同于地主庄园中使用僮仆劳动的丝织作坊,而是一种新型的资本主义生产关系的萌芽,是带有某种资本主义性质的丝织手工业工场。

丝织业中的资本主义萌芽,除了手工业工场,还表现为商人直接支配生产。清代时,苏州、江宁和浙江吴兴双林镇等地的一些绸缎商,把经丝、纬丝等原料发给小生产者,回收成品,按件付给工价,有的还立有契据,把小生产者变成他们事实上的工资劳动者。这些投资丝织业的绸缎包买商,最初也叫"机户",后来被称为"账房"。清代晚期江苏关于办理苏州丝织机捐的报告中,给账房所下的定义是:"凡贾人自置经纬,发交机户领织,谓之账房。"这种账房最早可能产生于康熙年间。辛亥革命后的一项调查显示,1913年苏州开业的57家账房中,创设时间在鸦片战争前的11家,最早的一家创设于康熙四十一年(1702年)。

一般地说,账房资本比手工业工场较为雄厚。据光绪二十五年(1899年)对苏州的调查,资本10万元以上的大账房有100多家,万元以上的中等账房500多家,资本2000~3000元的小账房600多家。1913年苏州开业的57家账房,支配机户近千家,共有织机1524台,平均每家26.7台,共男女工徒7681人,平均每家134.8人。

明、清时期,我国的丝织业虽然出现了资本主义生产关系的萌芽,但直至鸦片战争前夕,生产力仍然停留在手工工具阶段，这种资本主义萌芽并未发展成为资本主义的机器大生产。而同期的欧洲正处于资本主义发展的上升时期，机器生产正全面取代手工生产，科学技术和社会生产力的发展突飞猛进。我国丝织业开始由先进转变为落后。

六 近代蚕桑丝织业的发展变化

1840年鸦片战争后，中国由一个独立的封建帝国逐渐沦为半封建半殖民地，成了西方发达国家的工业品销售市场和工业原料、农业土特产品供给地，生丝成为最主要的出口商品之一。在20世纪30年代以前，其出口数量基本上呈持续增长趋势。对外贸易的扩大，刺激和促进了蚕桑业的扩张。倡导和推广蚕桑成为一些地方官府的重要"善政"；养蚕缫丝，在一部分农民家庭经济中占有越来越重要的地位。植桑养蚕和缫丝技术有了新的进步，机器缫丝业开始兴起和发展。但与此同时，日本的机器缫丝业迅速崛起，生丝出口大幅度增长，并一步步地把中国生丝挤出国际市场，中国生丝在世界生丝贸易总额中所占比重不断下降，国内生产日趋衰落。日本侵华战争时期，华东、华南和华北、东北的蚕桑业（包括柞蚕业）和机器缫丝业中心地区，相继沦陷，桑园、制种场和机器缫丝厂，大部分被日本侵略者轰炸、焚烧和破坏，中国蚕桑业遭到空前浩劫。

近代丝织业也有某些发展，地区有所扩大，生产技术也有某些进步，机器织绸业和机器印染业、新式染料工业开始兴起，并增加了某些丝绸品种。但发展有限，总的趋势是不断衰落。由于西方列强在搜购蚕茧、生丝的同时，向中国倾销洋绸，有的还采用提高进口关税的手段，阻挡中国丝绸进入他们国家的市场，从原料和产品销售市场两个方面扼住了中国丝织业的脖子。在这种情况下，我国的丝织生产，优质原料减少，成本上升，内销不振，外销锐减，蚕桑丝绸业呈现畸形发展，丝织生产明显衰落，蚕丝生产主要为西方发达国家丝织业提供廉价原料。同蚕桑业一样，我国的丝织业在日本侵华战争期间，也遭受惨重损失。到新中国成立前夕，整个丝织业已处于奄奄一息的境地。

蚕桑生产的继续推广和技术进步

鸦片战争后，国际市场对生丝的需求旺盛。欧洲最大的生丝消费市场法国，生丝自给率不到5%，市场潜力巨大。中国生丝出口不断增长，由鸦片战争前的1836年的1.4万担增加到甲午战争前夕的近10万担，再增加到1931年"九一八"事变前的每年十五六万担，比鸦片战争前增加了10多倍。

生丝出口的扩大，直接刺激和促进了蚕桑生产的不断推广。

1851～1864年发生的太平天国农民战争，曾使江浙地区的蚕桑业遭受破坏。太平天国失败后，蚕桑生产逐渐恢复，并继续扩大。到七八十年代后，蚕桑区域、养蚕农户和蚕丝产量都明显增加。

在那些蚕桑业原本就比较发达的地区，如江浙太湖流域，江苏南京地区，广东珠江三角洲地区，四川成都平原、岷江和嘉陵江流域，以及山东半岛等地，蚕桑业进一步扩大，或就地增加植桑面积，或由平原、丘陵地区向山区延伸，或由野桑、柘叶饲蚕向家桑饲蚕发展。上海郊区，19世纪70年代中有报告说，每片可供利用的土地都种上了桑树；广东珠江三角洲，从前作其他用途的土地，现在也都变成了桑园。浙江和江西蚕桑业由平原迅速向山乡扩张；丹徒原来仅有野桑和柘林，到光绪初年，已是桑园遍布全县。

一些原来蚕桑不多或根本没有蚕桑的地区，相继栽桑养蚕，如江苏无锡、金匮，原来很少养蚕，太平天国后，荒田隙地，尽栽桑树，饲蚕者日多一日，出丝者亦年盛一年。常熟、松江、句容、溧阳、江阴，浙江温州，安徽绩溪、滁州、全椒，江西赣州、瑞州等，都相继发展为重要蚕桑区。鸦片战争前早已衰落的某些北方蚕桑区，这时也重新兴盛起来。如直隶（今河北），有蚕桑业的州县，由原来的5个增加到19世纪90年代的19个。

清政府的一些地方官吏，还在那些原来蚕桑很少的地区，如广西、湖北、河南、山西、陕西、云南、贵州等省部分州县，采取推广措施，并取得不同程度的效果，使这些地区风气渐开，蚕桑渐起。如广西容县、省城等地，由于知县、巡抚等官吏的劝办，使

"民间桑事大起","蒸蒸日上";陕西三原,经知县倡导,蚕桑大盛,"野则桑树日广,城则茧丝盈市"。

甲午战争后,随着通商口岸的增设和铁路、轮船运输的发展,蚕桑业加速扩展,在地区上明显向通商口岸附近或铁路沿线延伸。太湖流域蚕桑区,明显地向南京、镇江、无锡等口岸和沪宁、沪杭甬铁路沿线地区扩展。无锡自1904年铁路通行,丝厂成立,栽桑育蚕农户"年年增加",到1917年,蚕茧产量已为"各省之冠"。广东珠江三角洲老蚕桑区,因地处广州、三水、江门等通商口岸周围,粤汉、广三、广九3条铁路在此交会,又毗邻香港、澳门,水陆交通得天独厚,是帝国主义掠夺蚕丝等农产品最理想的地区之一。蚕桑生产在甲午战争后有了更快的发展。据统计,广东生丝的出口量由1912年的4.4万余包,增加到1922年的6.7万包,在该省直接出口贸易中所占的比重也由47.5%提高到65.7%。这些蚕丝主要是由珠江三角洲地区提供的。此外,在芜湖、汉口、宜昌周围和京汉铁路沿线地区,还涌现出一批新的蚕桑区。

近代的柞蚕放养业,也在迅速扩大。山东的柞蚕生产逐渐由胶东半岛向西南方向和山东腹地扩散,光绪末年,泰安、青州(益都)、沂州一带,"樗(音chū,臭椿)蚕"饲养,日见普遍。民国初年,益都绅商还成立了柞蚕公司。到20世纪20年代,鲁中、鲁南地区的昌邑、日照、沂水、诸城、莒县、潍县、蒙阴等地,也发展成为重要的柞蚕放养区。东北辽宁的柞蚕放养业,在19世纪70、80年代已有初步发展。

甲午战争后，柞栎种植和柞蚕放养加速扩大。到20世纪20年代，辽宁发展为全国最大的柞蚕放养区。柞蚕放养，是辽东半岛地区居民的重要专业，安东（今丹东）、辽阳、宽甸、凤城、盖平、桓仁、海城、岫岩、金州（今金县）等地的柞蚕业，尤为发达。此外，河南、贵州等省的柞蚕业，20世纪也有程度不同的扩大。河南柞蚕业主要集中在豫西南一带，以鲁山、南阳、泌源（今唐河）、镇平、舞阳等县较为普遍。20世纪初叶，柞蚕放养自西南向东北方向和铁路沿线扩展。1918年，许昌从山东购进樗树和柞蚕种，开始了柞蚕放养，据说成绩颇佳。贵州的柞蚕放养，20世纪初和抗日战争时期也曾两度发展。

随着蚕桑业的推广，蚕桑技术有了新的进步。

19世纪70、80年代后，面对日本蚕桑业的崛起和在国际市场上对中国生丝形成的压迫，清朝统治阶级内部一些有识之士，认识到革新蚕桑技术的紧迫性，在推广蚕桑，传播原有蚕桑技术的同时，着手组织蚕桑教育和改良机构，学习、传播国外先进的蚕桑知识和技术，提倡科学养蚕。1883年，浙江蚕学馆（1913年改组为浙江省立甲种蚕桑学校）在杭州成立。这是我国第一个专门从事蚕桑教育的机构。它在传播近代蚕桑知识、改良蚕桑技术方面起到了开先河的作用。

甲午战争后，江苏、河北、山东、福建、北京、四川、奉天（今辽宁）等地，相继创办农桑学堂或农业试验场，内设蚕业或蚕桑科，延聘洋教习或归国农科留学生讲授蚕桑课程。一些地方官吏和乡绅也在当地组织"农桑公社",开设育蚕试验场,引进外国良种,并与国内品种进行试验比较,取得成效。如江苏如皋蚕桑公社,采用新法培育日本和浙江新昌蚕种,获得成功。新种蚕茧洁白精密,而且出丝率高。每百两可缫丝12.5两,比其他土种(每百两约得丝五六两)高出1倍多。

辛亥革命后,各省和州县开办蚕桑学校或设有蚕科的农业学校,成立农业试验场或讲习所,更是一时成风。据不完全统计,民国元年至七年(1912~1918年),全国各地创办的各类蚕桑学校、农校蚕科和蚕业讲习所共155所。除黑龙江、吉林、甘肃、新疆、青海、西藏外,其余各省都办有蚕桑学校或农校蚕科,陆续培养出了一批蚕桑专门人才,在传播和改良蚕桑技术、推动蚕桑业发展方面,发挥了重要作用。

20世纪初叶,一些在华外商和中国丝茧商,也加入了蚕桑改良行列。1917年,上海外商丝业联合会、江浙皖丝厂茧业总公所和法国驻沪商会,发起组织"中国合众蚕桑改良会",1919年,英国、日本和美国驻沪商会也应邀加入,以推动中国的蚕种改良。该会先后在南京、镇江、无锡等地设立制种场或蚕业指导所、讲习所、女子蚕校,并从意大利、法国购进蚕种,分发和指导蚕农饲养。1919年,山东烟台华洋丝业联合会发起推广和改良胶东柞蚕业,在烟台、牟平、栖霞、文登等地分别设立蚕丝学校和蚕桑试验场,向农民免费发放无毒柞蚕种和浙江海宁柞树良种。1920~

1924年，美国丝业观光团和美国丝业协会，先后捐款2.7万美元，筹建金陵大学蚕科，在培养蚕桑专门人才的同时，着手研究制造无毒蚕种，分发蚕农饲养。广东岭南大学蚕科，也是美国丝业协会在1920年捐助建立的。该蚕科与广东省政府合办广东全省改良蚕丝局，以推广该省蚕丝改良。

江浙丝茧商为了扩大茧、丝资源，在大力推广苏、皖、鄂地区蚕桑生产的同时，把改良蚕种作为提高蚕丝产量和质量的重要途径。20世纪初，桑蚕微粒子病流行，江浙地区尤为严重，江浙丝茧商愈加感到改良蚕种的急迫，无锡丝茧商在这方面所采取的措施最为得力，收效最大，无锡也因此成为蚕种改良的中心。

20世纪20、30年代，在中外丝茧商、蚕桑专业人员和国民党政府的推动下，蚕种改良取得了较大进展。1924年，江浙两省培育出了"一代杂交种"。一代杂交种是选择两个品种不同而各有优点的蚕蛾，交配后所产的蚕种，集中了父母双亲的优点，而且体质强健，容易饲养。一代杂交种的培育成功，是近代蚕桑技术上的一大进步。

不过，一代杂交种并未得到广泛推广，当时推广较普遍的还只是"改良蚕种"。改良蚕种是由专门的制种场选择品质优良的蚕儿，培育成纯系的蚕种，制种时还用显微镜对蚕蛾进行病疫检查，以防止蚕病的遗传和蔓延。二三十年代，许多蚕业学校、蚕桑试验场和缫丝厂都投资开办制种场，制造改良蚕种。1931年，江浙两省共有各类制种场147家。1936年，仅江苏一省制造的改良蚕种即达283万余张。30年代后，改良蚕种由江浙推广到山东、河南、安徽、湖北、四川等省。为了加速改良蚕种对土种的取代，国民党政府曾在江苏、浙江、四川等省成立"土种取缔所"，强制取缔土种和推广使用改良种。但由于蚕农经济困窘，而改良蚕种价格又偏高，蚕农无力购买，改良种在一些地区推广，困难重重，甚至由于推广措施不当而激起人民反抗。

除了改良蚕种，江浙地区还实行和推广了秋蚕饲养。江浙一带的秋季，是极好的养蚕季节，但过去很少饲养秋蚕。1927年，江苏首先培育出"人工孵化秋蚕种"，并很快得到推广。1936年江苏生产的50余万担蚕茧中，约13万担是秋蚕茧。人工孵化秋蚕茧的培育和推广，是近代蚕桑技术上的又一进步。

近代时期，我国的蚕桑技术虽有某些进步，但是，在帝国主义的侵略不断深入，中国社会经济日益半殖民地和殖民地化的条件下，蚕桑业的兴衰完全以帝国主义的利益为转移，当帝国主义需要时，就扶植，就兴盛；如果不再需要，或者和它们的同类产品出现市场竞争时，就压抑、破坏，就衰落。中国蚕桑业已经失去了正常发展的条件，阻碍了蚕桑技术方面的彻底革命。同时，由于农村地主和城镇中外商人、高利贷者的残酷剥削，技术进步的果实几乎全部落入了他们的腰包，广大蚕农并未得到多大好处，无助于他们生活、生产条件的改善。

手工缫丝业的短暂发展和机器缫丝业的兴起

近代蚕丝业发展中的一个重大变化是机器缫丝业的产生，手缫丝向机器缫丝的演变，蚕丝缫制开始由农家副业发展为近代新式工业。但是，在机器缫丝业兴起以前，手工缫丝业曾一度扩大。在机器缫丝业兴起和发展以后，手工缫丝也并未消失，而且手缫丝（土丝）的产量远远超过机器缫丝（厂丝）。

鸦片战争后，随着蚕桑业的推广，手工缫丝业明显扩大，缫丝户数量不断增多，新老蚕桑区都涌现出一批新缫丝户。江苏常熟、无锡、金匮、常州、宜兴、溧阳、丹阳、江浦、高邮等地的手工缫丝都是从无到有，从少到多。广东缫丝，俗名"缅丝"，除大部分由养蚕户自缫外，还有不少手缫丝作坊。这些作坊规模一般都很小，只有几部或几十部脚踏缫车，由茧市购进蚕茧，雇用女工随缫随售。四川地区，除郫县等少数地方外，缫丝都是分散在蚕农家庭进行。同治年间（1862~1874年）的成都，"缫丝纺绩，比屋皆然"。巴县和永川，缫丝也是家庭的"经常工作"。20世纪初，四川全省有手缫车2万部。

贵州、湖北、福建、山东和辽宁等地的手工缫丝业也都有程度不同的发展。贵州、山东、辽宁主要是柞蚕缫丝。同治以前，山东的柞蚕缫丝，分散在各柞蚕放养区，主要是以家庭副业的形式存在。缫丝人数众多，产品没有统一和严格的标准。这种情况到同治光绪之际，有了很大改变。柞蚕缫丝基本上集中到烟台，由家庭副业发展为手工作坊。在辽宁，缫丝是一种十分普遍的乡村手工业，凡稍微大一点的乡村，便有一两家缫丝作坊。宽甸有缫丝作坊60家，凤凰城也有40家以上。

在手工缫丝业的不断推广中，缫丝方法也有所改进，生丝产量有所提高。如江苏江浦，太平天国后才开始养蚕缫丝，到19世纪80年代，所产生丝已"居上等"。浙江湖州的"辑里丝"，更是享誉海内外。辑里原是南浔镇附近的一个小镇，只有居民数百家，全都栽桑养蚕。辑里丝的名称起始于明初洪武年间。但在鸦片战争前，销路只限于国内，仅供织绸之用。销售范围既小，营业也不算兴盛。鸦片战争后，上海开埠通商，辑里丝也进入上海，直接销往洋行。因色泽洁白，丝身柔韧，富于拉力，获得国外用户好评，名声渐显，出口增加，辑里丝的产地也由辑里扩大到南浔镇周围百余里的地区。后来外国人把湖州地区所产的丝都称为辑里丝。19世纪80年代，是辑里丝发展的鼎盛时期。在南浔镇，大批地主商人因经营丝业而成巨富。当地人按丝商财富的多寡，把他们分成"象"、"牛"和"狗"3个等级。财产在百万以上的叫"象"，50万～100万的称"牛"，30万～50万的称"狗"。小小的一个南浔镇，竟有"四象，八牯牛，七十二只狗"之称。

山东地区的柞蚕丝缫丝由家庭副业改成手工作坊

后，方法也有改进，产品质量提高。19世纪70年代末，烟台缫丝工场的一个外国人又到辽宁传授缫丝方法，以代替过去原有的纺丝法。此后，常有南方缫丝行家到辽宁指导当地工人缫丝，从而提高了柞蚕丝的质量和售价，将原来每担只卖100两银子的低劣粗丝，改进为可卖200~300两的优质细丝。

20世纪初，机器缫丝业发展起来以后，手缫丝相形见绌，市场销售尤其是出口贸易大幅度下降，或者只限于国内销售。如辑里丝的出口，20世纪初比最盛时减少了三分之二。但由于手缫丝成本较低，仍有一定国内市场，手工缫丝业得以长期保持下来。20世纪初，资本主义性质的手工缫丝厂还有明显发展。据不完全统计，第一次世界大战前，各地先后成立而有资料可查的手工缫丝厂达400余家。大战期间，国内丝绸市场兴旺，以内销为主的手工缫丝业随之扩大。柞蚕丝也因出口转旺，在山东、辽宁新建起柞蚕丝厂。20年代后，这一地区的柞蚕丝手缫业仍有发展。

近代手工缫丝所用缫车，大致分为手摇车和脚踏车两种；按工人操作的姿势，则有坐缫、立缫之分。前者缫车座架和灶台较低，后者则较高。江浙缫丝多用女工，全为坐缫；北方专用男工，多用立缫。按缫丝的丝绪，有单绪车，也有二绪、三绪同缫者，如同棉纱手纺车有单锭、二锭、三锭之分一样。所缫的丝因每绪用茧数量多寡不同，而有粗细之分。通常每绪用五六个茧的叫"细丝"，用十二三个的叫"粗丝"，这种丝只有浙江湖州特产的"莲子种"蚕茧，才能缫制，而莲子茧数量不多，所以价格特别昂贵。而细丝的丝过少，不容易联属，也只有湖州人才能缫制。其他地区的手缫丝，每绪少则用十五六个茧，多则十七八个茧，被称作"肥丝"。广东手缫丝厂用次等茧或烂口茧缫出的粗丝，每绪用茧必须在 30 个以上，多的达五六十个。每人每日的缫丝产量，因丝的粗细和茧的质量而有所不同，通常细丝可缫 10 余两，肥丝 30~50 两。

近代的机器缫丝业，最先开始于外国资本在上海创办的机器缫丝厂。

1861 年英商怡和洋行在上海开办的纺丝局，是我国境内的第一家机器缫丝厂。该厂有缫车 100 台，因无法获得技术熟练的工人和充足的蚕茧供应，市场和技术条件都不成熟，不得不于 1866 年关闭。就在这一年，又成立了一家只有 10 部缫车的小缫丝厂，开工后仅有几个月也停闭了，机器被运往日本。11 年后，即 1877 年，德商在山东烟台创办烟台缫丝局，缫丝兼织绸，起初用手摇缫机，有织机 200 台。1882 年改为中德合办，1892 年才开始使用蒸汽动力。1878 年，美商旗昌洋行在上海开设旗昌丝厂，最初有缫机 50 车，数年后扩充至 400 车，有工人 1100 余人。1891 年由法商接办，改名宝昌丝厂，缫机扩充到近千台。1882 年，英商怡和、公平两洋行，分别在上海设立怡和丝厂和公平丝厂，各有缫机 200 台，工人数百人。怡和到 19 世纪末，有资本 50 万两，缫机 500 台，工人 1100 人。甲午战争前设立的外资缫丝厂，还有怡和丝头厂

（1888年）、英商纶昌丝厂（1891年），有缫机188台，美商乾康丝厂（1892年），有缫机280台，不久转售与华商；法商信昌丝厂（1893年），资本53万两，缫机530台，工人约1000人；德商瑞纶丝厂（1894年）资本48万两，工人1000余人。到甲午战争时，先后在我国设立的外资缫丝厂共11家。除关闭和转售与华商不计外，实存8家。

本国资本的机器缫丝厂，最早的是侨商陈启沅同治十二年（1873年）创办于广东南海的继昌隆缫丝厂。

陈启沅早年游历南洋，考求机器之学，后经商暹罗（泰国），1873年返回原籍南海简村后，开办机器缫丝厂，雇用女工六七百人，采用法国式蒸汽机缫丝法，生产效率比传统的手工缫丝提高了5～10倍，而且缫出的丝比土丝细滑光洁，十分精美，畅销欧美两洲，价格也比土丝高三分之一。开工一年就获得厚利。

使用机器生产，改革几千年来传统的缫丝方法，是一个新生事物，因而一开始就遭到了当地保守和顽固势力的激烈反对。先是讥笑，当工厂投产并取得成效，又造谣诽谤，鼓动风潮，说什么男女同厂劳动，有伤风化；工人技艺生疏，以致机器伤人；烟囱高耸，破坏"风水"，把缫丝厂咒骂为"鬼镬（音huò）"和"不祥之物"。由于机器缫丝厂消费了一部分蚕茧，减少了手缫丝数量，提高了生丝的市场价格，也同时遭到了以手缫丝为原料的丝织机户的反对。他们甚至扬言要毁拆丝厂。1875年出现了丝织业行会手工业者破坏丝厂生产的联合行动。因为地方当局的劝谕才没有酿成事端。

陈启沅没有向保守和顽固势力妥协,坚持认为机器缫丝是蚕桑业兴旺的必由之路,定要全力提倡。为了加速机器缫丝的推广,陈启沅改创小机器缫丝,以便中等以下财力的人也能够经营。这样,小型机器缫丝厂很快在南海、顺德一带发展起来。到1880年已有缫丝厂10家,约有丝车2400台,年产丝约1000担。

机器缫丝业的发展,加剧了丝厂同丝织手工业机房之间的矛盾,1881年终于爆发了丝织手工业者捣毁丝厂,杀害丝厂工人的惨案。丝织手工业者认为,缫丝厂侵夺了手工业者的生计。当时南海除继昌隆外,又增加了裕昌厚、经裕昌等几家丝厂,共雇有4400多名工人。丝织手工业者认为,一名女工可抵十余名手工业者的工作,4400余名女工等于侵夺了44000余人的生计。又加上这一年蚕茧歉收,市场生丝短缺,机户被迫停工。就在这年十月,丝织手工业行会聚众两三千人,将裕昌厚缫丝厂全部捣毁,并在械斗中杀死了3名丝厂工人。

惨案发生后,清朝地方官府勒令所有缫丝厂立即停工,并派兵查封。在这种情况下,一部分缫丝厂被迫迁往澳门。陈启沅也在1881年一度将丝厂迁往澳门。在事态渐趋缓和后,清政府虽然对尚未迁出的丝厂采取息事宁人的态度,听其自行开工,但对新设丝厂仍然采取压制政策。

1881年事件和清政府的压制政策,严重阻碍了广东，尤其是作为广东机器缫丝业发源地南海的机器缫丝业发展。此后直到19世纪末，再没有新的丝厂产生。不过顺德的机器缫丝业却异常迅速地发展起来。1881～1894年，总共有36家缫丝厂成立。不过都是资本在5万元以下的小厂。

除广东外，上海、烟台、武昌和浙江萧山等地，甲午战争前也都有华商机器缫丝厂的开办。1881年，上海丝业公所主持人、浙江丝商黄佐卿，在上海筹设公和永丝厂，次年投产。此后又有坤记（1884年）、裕成（1886年）、裕填、延昌恒（1890年）、纶华、锦华、新祥（1892年）、延昌（1893年）、正和（1894年）等丝厂的陆续设立。烟台、萧山和武昌分别只有一家丝厂。1894年，湖广总督张之洞在武昌创办的湖北缫丝局，是这一时期机器缫丝业中唯一的一家官办企业。

甲午战争后，机器缫丝业有了较大的发展。

《马关条约》的签订，使西方列强取得了在中国就地投资设厂的特权，洋商又开始投资创办新的丝厂。清政府也开始放宽对民间兴办企业的限制，加上我国生丝在世界市场上遭受日本机器丝排挤的情况越来越严重，民办机器缫丝业就以比甲午战争前更快的速度发展起来。

从甲午战争后的1895年到第一次世界大战爆发前的1913年，先后创设的民办机器缫丝厂达141家，资本总额1133万余元。加上甲午战争前原有各厂，1913年共有缫丝厂226家，缫丝车82088台。

机器缫丝业主要集中在上海和广东（主要是顺德）两地。这一时期，上海机器缫丝业的发展速度更快于广东。同时，江苏、浙江、四川、山东、辽宁等主要蚕桑区也都建起了一批新的机器缫丝厂。

第一次世界大战期间，国际市场丝价上涨。这时中国生丝出口，因受日本丝排挤而处于停滞状态，但厂丝尚有一定竞争力，故机器缫丝业仍有发展。据近人不完全统计，1914～1927年，全国共新建丝厂333家。从地区看，以广东最多，达182家，其次是辽宁和上海，分别为57家和31家。从城市看，江苏无锡已发展成为仅次于上海的第二大机器缫丝业中心，有丝厂50余家，丝车近2万部，丝厂职工达10余万人，直接或间接以丝业为生者，不下百万人。

甲午战争后，我国机器缫丝业在其发展过程中，出现了一种丝厂租赁经营的特殊制度。

这种制度在上海地区异常盛行。有些人建厂买机器，但自己并不经营生产，而是用来出租，如同地主买地并不自己耕种一样。这种厂称为"实业厂"；而经营缫丝生产的，自己无须建厂买机器，可以租用现成的丝厂，集资招工备料，即可开工生产。这种厂称为"营业厂"。这种丝厂租赁制，据说最早出现于1896年前后上海丝业恐慌时期，当时的外资丝厂纷纷采取出卖或出租的方式以躲避风险。此后，丝厂租赁制逐渐在上海地区流行。到二三十年代，租赁制成为上海、无锡等地丝厂经营的主要形式。

机器缫丝本是民族资本投资经营最早的新式工业，

但在技术设备方面，长期没有什么改进。广东都是小型厂，沿用法国式丝车，效率很低，到20世纪20年代，每车的生丝日产量还只有150克。上海丝厂采用意大利式直缫丝车，原属先进，1898年时每车日产可达375克，而当时日本厂的日产仅170克。到20年代，日本几经改进，由原来的大篗（音yuè，缫丝时卷绕生丝用的框架）缫丝改为小篊缫丝，避免丝缕黏结，同时可自动搜索、接续丝绪，大大提高功效，日产可达450克，20世纪20年代末又发明御法川式立缫车，能缫20绪，连续作业，效率进一步提高，成为当时最新式的丝车。而上海、无锡绝大多数丝厂还是老样子，只有少数丝厂开始技术改造。

　　大约在20世纪20年代，上海丝厂逐渐采用日本长工式或千叶式煮茧机，取代原来的手工盆煮。1930年上海莫觞清创办的日清丝厂，首先采用日本的小篊扬返缫丝法。大约同时，无锡丝厂也先后采用煮茧机和小篊扬返法，并进而自制或引进日本丰田式立缫车。1928年成立的民丰模范丝厂，首先采用日本式自动索绪缫丝机，1930年，永泰丝厂设立华新制丝养成所，全部采用日本式多绪立缫车。在推广立缫车方面，郑辟疆主持的江苏省立女子蚕业学校取得了相当成绩。该校与乾胜、瑞纶、乾泰等厂订立改车合同，帮助进行技术改造，在各厂推行新法的大多是该校毕业生。瑞纶到1934年也全部改用立缫车。无锡丝厂的技术革新进展，虽然比上海快一些，但其范围也十分有限。1936年，无锡45家丝厂中，仅有多绪立缫车870台，小箴扬返车536台,其余11596台仍为老式直缫车。实行技术改造的只占全部丝车的10.8%。广东丝厂更是墨守成规,30年代危机后,一蹶不振。

8 丝织业的兴衰和技术变革

近代时期,随着蚕桑业的推广,丝织生产也有某些发展,但总的趋势是不断衰落。其原因是多方面的,除了帝国主义的生丝掠夺和洋绸倾销,太平天国战争期间,江南丝织业的严重破坏;清王朝覆亡后,南京、苏州等地织造局的相继裁撤,原来数量庞大的宫廷用丝绸锦缎的终止;随着社会风尚和服饰的改变,西装革履的流行,绸缎市场需求量的大幅度减少,等等,都影响到近代丝织业的发展。

太平天国战争期间,南京、苏州、杭州等丝织业中心的机户和织工,为躲避战祸,流离四散,织机、机房也多被焚毁,丝织生产遭到严重破坏,丝织品的产量急剧下降。

太平天国失败后,清政府采取了某些措施,招集流亡在外的织工,返回原籍,重操旧业,丝织生产由此逐渐回升。如清军攻占南京后,避居苏北及里下河一带的织工,纷纷返回南京,遭受战争破坏的织缎业开始恢复。太平天国起义前,南京城内和近郊共有缎织机约5万张,到1880年已恢复到5000张,有织缎工1.7万人,年产缎约20万匹。苏州在太平天国前约有织机1.2万张,1880年恢复到5500张,以后逐渐增加到9000余张，织工约3万人。杭州城内的机户，过去数以万计，战争期间外逃星散，幸存者不过数家。到1880年开业的织绸机已有3000张，年产绸7万余匹。此外，江苏镇江、丹阳、吴江盛泽镇，浙江湖州、绍兴、宁波、嘉兴、桐乡濮院镇的丝织业，也都有程度不同的恢复和发展。镇江丝织业原来废弃已久，太平天国起义前夕，地方当局开始提倡，不久即因战争而停顿。1871年地方当局再度倡导，蚕桑业逐渐兴盛，丝织生产也随之增加。1880年有各种丝织机1000多张，年产绫绸、宫绸、缣丝、丝栏杆和红素缎等10余万匹。丹阳的"阳绸"织造是光绪初年才发展起来的。绍兴的织缎业始于道光年间（1821~1850年），原来只限于城内，到光绪年间，织造地域扩大到山头、兴浦等处。1880年，江苏、浙江两省共有织机约3万张，年产各类丝织品40余万匹。

广东、四川、山东等蚕桑区，丝织业也在缓慢发展。19世纪70年代初的四川成都，据外国调查者说，在制造业方面，没有一个行业有像从事于各种丝织品织造那样多的人。合川在嘉庆至同治年间，只有绫织机房，到光绪时，宁绸机房也开始兴起。在广州及其周围地区，都有庞大的丝织业，主要产品有素绸、锦绸、绫罗锦和满绣的桌布、披肩及长衣等素花绸缎。山东除青州生产绸绉外，昌邑、宁海、栖霞、烟台等地以柞蚕丝为原料的茧绸织造业十分发达。辽宁盖平也有少量茧绸织机，1880年时，年产茧绸约1500担。

同治、光绪年间（1862~1908年），随着植桑养蚕的推广，湖北、广西、贵州、云南等省一些原来从无丝织业的地区，也开始出现了丝绸生产。广西从同治年间开始倡导蚕桑，光绪十五年（1889年）在梧州、桂林两地开始创设丝织机坊，雇请广东机匠传授丝织技术。1891年，桂林、梧州、柳州、庆远4府以及浔州、恩州、镇安、郁林、龙州5府部分州县，也陆续开设机坊，织造丝绸。湖北从甲午战争前后开始推广蚕桑，到20世纪初，开始形成分别以宜昌、汉口为中心的两个丝绸产区。贵州遵义地区，在同治后期，柞蚕业和丝绸业都很兴盛，从业人数很多，"遵绸"远近有名。

甲午战争后，随着西方国家工业的迅猛发展和中国半殖民地化的加深，棉丝交织的"洋绸"开始打入中国市场。有数千年丝绸输出历史的丝绸之乡，反而成了丝绸进口国。1894年进口洋绸283担，价值16万海关两，1907年增至1367万海关两，比1894年增长了85倍。

在洋绸的市场冲击下，我国丝织业明显衰退。甲午战争后，南京的绸缎生产逐年下降。1880年时，南京的摹本缎和妆花描金缎，年产达1.3万匹，1900年，各种缎子合计也只有1200匹，摹本、妆花两种织机从1880年的600张，减少到1900年的80张。在丝绸名城杭州，因进口洋缎很受妇女的欢迎，当地丝织生产大受冲击。据1911年的海关报告说，几年前靠织绸为生的有5万人，现在已减少到2万人。苏州的情况也差不多，1900年有纱缎织机1.2万张，1912年减至

4000张。

辛亥革命后，由于清王朝的覆亡，专供宫廷丝绸锦缎织造采买的南京、苏州、杭州3织造局相继裁撤（有的在辛亥革命前已经裁撤），有关的市场采买也完全终止。接着而来的是社会服饰时尚的改变，传统的长袍马褂被西装革履取代，衣料则由绫罗绸缎改为呢绒，丝绸生产大受打击。其中南京织缎业的兴衰变化，颇有戏剧性。元缎（黑缎）本是南京名产，光绪、宣统年间因西洋缎、东洋缎的倾销而遭受打击。辛亥革命后，由于南京临时政府确定的金陵服饰崇尚黑色，男子的马褂、便帽、靴鞋，女子的袄、裙，都用元缎。于是元缎的市场需求大增，南京缎业复苏。但是不久，外国哔叽、直贡呢大量倾销，服饰流行趋势发生变化，毛织品风行。起初用作衣料，继而鞋帽都用毛织品。元缎销售大减，缎业急剧衰落。1931年的海关报告说，南京缎业曾盛极一时，约30年前，南京输出额中，绸缎产品占77%，几乎三分之一的人口，直接或间接依靠绸缎为生。然而，近年来南京缎子不仅不能同华丽的进口棉毛织物衣料竞争，连苏杭的丝织品也比不上了。曾经盛极一时的南京缎业，现在已经衰落到不关重要的可悲境地。报告者甚至预言，南京缎业"恐怕终久要归于消灭"。

原料的断绝也是南京缎业衰落的重要原因。为保证制缎的原料供应，江苏省政府曾于1915年召集总商会及丝茧商会议，将江宁、句容、高淳、溧水、吴县、吴江等6县划为丝区，不准设立茧行收茧。是以缎业原料充足,营业发达。但是在西方列强"引丝扼绸"方针的作用下,省政府的规定不久被破坏,各县所产鲜茧,都被贩运出口的茧行一网打尽。如江宁年产丝约200万两,茧行收购的达190万两,留下供南京缎业使用的不过10余万两。无异于杯水车薪。

广东丝织业的土丝供应,也没有保证。用于缫制土丝的蚕茧,其数量和质量取决于洋庄丝价的高低。如洋庄丝价低,则手缫和足缫作坊购买好茧缫制土丝;如果洋庄丝价高,则只能购买劣茧,或减少缫丝数量,甚至停止缫丝。而且,土丝的价格随洋庄丝价涨落。因此,广东丝织业的原料供应、生产成本、营业兴衰,任凭洋商摆布。在西方列强"引丝扼绸"方针的作用下,广东生丝优先出口以供应列强丝织业的需要,而本省丝织业因原料不足,往往要从湖北、河南、山东、四川输入蚕丝,以满足需要。这样一来,蚕丝原料品质混杂,粗黄不齐,从而影响了丝织品的质量。结果,由于生丝出口日多,加上厘税苛重,原料质次价高。成本既重,销售艰难,土丝织品的生产日趋衰落。

山东的丝织业也因人造丝的倾销和列强的关税壁垒而急剧萎缩。周村在"一战"期间,利用欧洲各国无暇东顾的时机,一度发展丝织业,营业兴旺,工厂和机户织机达两三千台,被称为该地丝织业的"黄金时代"。但是好景不长,1919年后,国外人造丝大量倾销。因人造丝价贱可以赢利,机坊争相采用,改织"改良葛"、"中山葛"、"麻葛"、"素葛"等人造丝织品,而原来的洋绉、华丝葛、湖绉、线春等纯蚕丝织品，几乎全被淘汰。当时调查者描述这种变化说："数千年来负有丝织盛名之周村，畅销土丝之集中市场，而今一变为麻织品（按：实际为人造丝织品）之周村，为山东销行日本人造丝之冠军。"

胶东昌邑的茧绸，因为质厚色美，经久耐穿，远近驰名，曾畅销俄国、南洋等处，是山东工业特产和出口大宗。1916年后，俄国闭关，禁止外货输入，英、日在其南洋属地，又以重税抵制，再加上20年代的日货竞争，昌邑茧绸的生产和出口一落千丈，每年出口量从1916年前的10万匹左右跌落到20年代末的1万余匹。

日货对昌邑茧绸的竞争和排挤，又是在切断烟台茧绸原料的情况下进行的。茧绸是烟台主要出口商品。而烟台茧绸和缫丝业，相当一部分原料来自辽宁安东。但是20世纪10年代后，日本掠夺了安东（今丹东）的柞蚕茧贸易，切断了烟台缫丝业和茧绸织造业的原料来源。

日本对烟台茧绸业的原料切断和对昌邑茧绸的市场排挤，是帝国主义推行"引丝扼绸"政策的一个典型例子。

1931年"九一八"事变后，由于日本侵占东北三省，各地丝织业的衰落和破坏进一步加剧。

"九一八"事变前，浙江因土丝业比较发达，出口生丝的比重较低，辑里丝几乎全部用于丝绸织造，原料较充裕，成本低廉，绸缎内外销畅旺，丝织业的状况好于其他地区。"九一八"事变后，东北沦陷，销路断绝，平津丝商，因风声鹤唳，不敢进货，江浙市场，又受进口呢绒和人造丝竞争,供过于求。次年1月28日,日本帝国主义又武装进犯上海,淞沪抗战爆发,金融困难。各种绸缎,全部滞销。杭州绸缎由原来每尺售价八九角降到三四角,也无人问津。绸厂绸庄,纷纷倒闭。依赖一机为生的小机坊,更是十停八九。到处"不闻机杼声,但闻长叹息"。绍兴的织缎机户,也在"一·二八"事变后由原来的5000户减少到2000余户。浙江丝织业遭此重大打击后,一蹶不振。

江苏、广东、四川、山东等地的丝织业无不大半停闭。江苏南京贡缎业,织机逐年减少,由辛亥革命前夕的六七千架减少到1926年的3000多架,到"一·二八"事变后,只剩800余架了。丹阳的丝织机匠,淞沪抗战期间失业者多达1.2万余人。广东的纱绸手织业,也在淞沪抗战后大量停闭,失业者占十分之七。山东烟台的茧绸生产,十分之七的柞蚕丝原靠东北供应。"九一八"事变前,安东柞蚕丝贸易虽被日本攫夺,但尚可从辽宁其他地区获得一部分柞蚕丝供应。"九一八"事变后,东北柞蚕丝全部落入日本侵略者手中。日本侵略者又对输往烟台的柞蚕丝课以高额出口税,这等于完全断绝了东北柞蚕丝对烟台的供应。同时,日本用东北柞蚕丝织绸后,又在欧美广为倾销。烟台茧绸在国际市场又增加一大劲敌。日本人从原料和产品销售市场两个方面卡住了烟台茧绸业的脖子。烟台茧绸业走投无路了。

近代丝织业的基本生产经营方式,是家庭机房或家庭式小作坊。机房生产有自织、代织之分。机房自备丝料织造的,江浙称为"小开机"或"行蓝";代织的,原料由绸商供给。这种绸商叫做"账房",又叫"放料"。在南京等地,还有用自家织机织人家的牌子,叫做"银庄";自有织机用人丝经、住人房屋,仅自己织制者,叫做"烧干锅"。"账房"和"银庄"都是商人资本支配下的资本主义家庭劳动,而"烧干锅"则由分散的家庭劳动变为集中生产了。鸦片战争后,丝织业中分散的资本主义家庭劳动有较大发展,部分地区已成为丝织业生产经营的主要形式。

我国近代的丝织生产工具和工艺技术,在辛亥革命前一直没有多大变化。而同时期法国、日本等后起丝织业国家,生产工具和工艺技术革新突飞猛进,相继采用机械提花机和电力机,并不断改进和完善。提花纹饰精巧,效率快捷。随着时间的推移,我国的丝织生产技术同法国、日本等发达国家的差距越来越大。用旧式提花机织造花缎,要2~3人同时协力操作,织一匹缎需要10~12天,仿制一匹幅宽2.2尺的"泰西缎",甚至要3周才能完成。法国、日本等国的提花机,工效相当我国木机的4倍,电力机则高出10倍以上。旧式木机不仅工效低,而且绸缎幅宽受到投梭力量的限制,过于狭窄,不合国外妇女裁衣需要。加之原料为土丝,经纬线缕粗细不匀,挑丝节结过多,有的颜色黯淡。所有这些都严重影响了我国绸缎的市场销售和竞争力。这种状况到辛亥革命后才有所变化,开始从国外引进新式织机,兴办绸厂,进行工厂化大生产。

1912年，苏州、杭州各有一家丝绸商引进和使用日本式飞梭提花丝织机。这种新式提花机，配备有铁制提花龙头，取代旧式提花机花楼上提拉经缕的织工，减少了人力，提高了效率。又将投梭改为飞梭，更加快了速度。

从1913年起，在推广新式提花机的基础上，杭州、苏州、湖州、盛泽等地，开始创办绸厂，进行较大规模的集中生产。

1913年，杭州袁震和绸庄，购置新式提花机18台，开办绸厂，后又扩大到180台。1914年，杭州的虎林公司、天章绸厂，苏州的苏经绸厂，湖州的集成公司，相继创办投产。1915年后，杭州、湖州、苏州、震泽等地创办的绸厂更多。到1920年，杭州的旧式木机由1912年的5000台减少到1800台，而日本式飞梭机增加到3800余台。1925年杭州、湖州分别有新式提花机6100余台和2000台。苏州1920年有飞梭铁机1000多台。震泽自1916年后，除镇上陆续创办日式飞梭机绸厂外，到20年代初，农村机户也纷纷将旧式投梭木机改换成飞梭机。由于对新式拉梭机的需求增加，镇上经营各种拉梭机机架和配件的机料店也应运而生，还办起了一家纹纸板厂，为铁机织绸业配套，促进了农村丝织业的技术革新和丝织品质量的进一步提高。当时盛泽出产的丝织品纺，称为"盛纺"，颇有名气；用铁机织的则称"洋纺"，质量极优。

在引进和推广飞梭织机的同时，上海和江浙地区，也开始使用电力织机。1915年，我国第一家使用电力织绸机的工厂——物华绸厂，在上海建成投产。该厂在从日本购进电力织机的同时，还自办铁工厂，仿造日本重由式织机。继物华之后，上海又有锦云、美文、美亚、大美、达华等电机织绸厂相继开办。

从20年代初开始，苏州、镇江、杭州、湖州、宁波等地丝织生产，也开始使用电力织机。到20年代中，苏州已有电力织绸机近千台。杭州、湖州各绸厂从20年代初开始采用电力织机后，迅速推广。1926年，杭州已有电力机3500台，湖州有2000多台。广州也有一家电机织绸厂，有电力织机35台。

采用电力织机后，劳动生产率大幅度提高。使用旧式木机，须2人或3人协力操作，日出绸缎9尺，每人日产量3~5尺；改用铁机后，1人1台，日出2丈，比旧式木机提高3~6倍；采用电力机后，1人1机，日出4丈，比铁机提高1倍，比旧式木机提高7倍以上。

随着生产工具的更新换代，丝织业的原料也发生了变化。

丝织原料的第一次更新换代，是机器丝（厂丝）取代手缫丝（土丝）。旧式木机使用的生丝全是土丝，而厂丝全部出口。土丝的主要缺陷是条份粗细不匀，丝身不净，扎缚不合，丝纹错乱，质脆易断。随着新式织机的采用，对生丝原料的质量提出了更高的要求。1913年，江浙各丝厂相继使用厂丝以取代原有的土丝。到20年代初，各丝厂原料已是厂丝为主。

丝织原料的第二次更新换代，是人造丝替代蚕丝。

1913年，苏州开始试用人造丝。最初利用的范围很窄，用量很少，年仅数百磅。但由于人造丝色泽鲜艳，丝体连续无节结，易于漂洗，价格低廉，有许多蚕丝所不具备的优点，很快被推广。1919年后，人造丝开始大量进口，到1924年，进口值增加到160万两。从这年起，江浙各丝厂开始试用人造丝与厂丝或棉纱交织，生产新型绸缎。

人造丝取代蚕丝，既是丝织原料的一场革命，但又是对内地真丝织造和全国蚕桑业的一个沉重打击。20年代，上海由于贸易上的便利条件，对人造丝的利用迅速扩大，各绸厂改织线绨、单绡等人造丝织品，一时蜂起，一些内地绸厂也都迁往上海。上海也因此成为我国最主要的绸缎产地。进入30年代，人造丝进口税提高，"九一八"事变后东北销路断绝，人造丝织品的生产才逐渐衰落。

4 丝绸印染和机器印染业的兴起

我国生产的绸缎，按是否练染分为生货、熟货两大类。不经练染的称为生货，经过练染的称为熟货。到近代时期，因生货手感粗硬，光泽黯淡，逐渐被淘汰，市场销售的绸缎，几乎全是经过练染的熟货。但是，近代的手织绸缎仍有生、熟之分，生货是指先织后染的绸缎，而熟货是先染后织。通常用电力机织的多是生货，用手工织的多是熟货。在杭州，生货机户多在城外乡间，并兼营农业，原料多是自家蚕茧所缫的丝。据调查，1928年时约有生货机户500家，织机1000台，年产绸8.2万匹；熟货机户则多在城内，是专门从事绸缎生产的家庭手工业者，1931年杭州有熟货机户2596户，织机6168台，年产绸37万余匹。可见熟货的生产人数和产量大大高于生货。

既然无论生货、熟货都必须经过练染，印染也就成为给丝织原料和丝织品进行整理加工的一个十分重要的行业。在各个丝织业集中地区，都有相当发达的绸缎印染业。1880年前后，苏州有染坊三四百家。通常，生丝经染坊煮练、染色，机户购回后，由其家人再缫，然后才上机织造。1931年，杭州的染练印花厂以及经纬厂、纹制厂等，据说不下600余家，有职工25400余人。浙江桐乡濮院镇，以产"濮绸"闻名，向有"日出万绸"之谚。那里的练染技术也十分精湛。染坊以"练丝熟净，组织亦工"而著称。缎织业中心南京，不仅印染业发达，而且特别擅长染黑色。黑缎（元缎）是南京的名产。太平天国战争期间，南京织缎机匠大量流亡，当时杭州曾仿织缎匹，名为"杭缎"，但颜色限于各种浅色，黑色虽然也有仿制，但品色远远比不上南京元缎。

南京染业以染黑色著称，染色也以黑色为主。据1929年的调查，南京49家染坊中，黑色占2/3，杂色只占1/3。练染的345万余两生丝中，黑色超过93%，而杂色不到7%。因此，南京缎全是黑色。许多人认为，南京黑缎染色之所以那么好，是因为秦淮河水特别适宜于染黑色。调查者发现，奥秘不在秦淮河，而在玄武湖。因秦淮河与玄武湖相通,而湖内石莲极多。石莲内含有的单宁质腐化于水,有媒染作用。同时因水色不纯,不适宜染鲜明浅淡的颜色,只得染黑色。这就是中外闻名的南京元缎的真正奥秘。

当然,除此之外,南京元缎还有其特殊的练染程序和方法。通常染黑色是用橡子、槐米等植物染料,五倍子液等媒染剂和硫酸铁、碳酸钠等助染剂煮染而成。而南京元缎是先用苏木、明矾、莲青等染成石青色,然后加染成黑色,或先用莲青,再用蓝靛染成青色后,加染成黑色。用这两种方法染出的黑色更为美观。染色的程序也十分严格。如染经丝,必须先用碱、猪胰水、明矾等反复煮练、漂洗,俗称"练经",以除去蚕丝附有的胶质;再用槐米煮染,俗称"做黄";后再浸以湘矾水(湖南产明矾),在地面放1天,俗称"缩黄";第二天将缩黄后的经丝,在石灰缸内浸透,随即放于河里漂净;又在湘矾缸内浸泡1小时,用河水漂过,然后用五倍子汁浸泡,俗称"烫倍",放置地面3天,俗称"缩倍"。如此"烫倍"、"缩倍"3次,在河里漂净、滤干,最后上浆、晾干,练染的全部工序才算完成。纬丝的练染,程序大致相同,但最后上浆,主要用生淀粉(经丝上浆全用熟淀粉),并加少许茶油。上浆时须手揉、脚踹,使之匀透。由此可见南京元缎练染程序的繁复和严格。

在广东,用薯莨汁涂染纱、绸的特种印染工艺,在近代时期仍然十分盛行。具体方法是,将薯莨捣烂、和水、滤渣后,浸泡纱、绸,取出晒干,再浸,每天可10次，如此三四日，染色即告完成。染好的纱、绸，如在一面涂上塘泥，阴干，即变成乌黑色，另一面仍为红色。用薯莨涂染的纱，通称"香云纱"，用这种方法涂染的绸，通称"黑胶绸"或"拷绸"。

20世纪初，随着新式绸厂的建立和丝织生产技术的革新，丝织品的机器印染也开始兴起。

1912年，上海启明染织厂成立，采用新法，专染各色纱线。这是我国新法染纱线的开始。此后，各种染织厂相继产生，染色范围也由棉纱棉布扩大到丝绸。多数上等织品，在染色之前，必须先行精练，1912年，日商在上海创办中华精练公司，采用新法精练，营业兴旺。于是我国商人起而仿效，创设新式练坊，兼营染色。1926年，纬成绸厂添设大昌精练染色公司，美亚织绸厂添设美艺染练厂，都采用新式精练法，专练本厂产品。

印花方面，日商松冈洋行在民国初年首先输入新法绸缎印花法。1919年，中国机器印花厂在上海创办，采用新法，印染各种绸缎。接着，1921年有信德印花厂的成立。此后又有天孙、公达、裕大、中兴、东方等多家印花厂问世，新式印花业有了初步的发展。30年代中，上海专门从事绸缎印花的工厂不下五六十家，年产印花绸缎数十万匹。但其中大部分属于小规模的手工业，印花使用刻花纸板，借助机器的不多。这与绸缎花色变化较多，采用机器更为困难有关。

近代时期，绸缎练染业以上海最为发达，印花厂则几乎全部集中于上海。但在内地产绸中心和通商大埠,也先后建起了一批新式练染厂。绸缎练染,除大型绸缎厂设厂自营外,大多属于委托加工。由贩运商将绸缎送交练染厂或印花厂,按指定花色加工,照给工值。营业方式同以前相比,没有多大变化。

蚕桑丝织业的空前浩劫和全面崩溃

1931年"九一八"事变后,日本侵占我国东北,已使我国的蚕桑丝织业遭受沉重打击。1937~1945年日本全面侵华战争期间,几乎半个中国沦陷,上海、江苏、浙江、广东、山东、安徽等主要蚕桑丝织区大都落入敌手。战争期间,蚕桑集中产区和缫丝、织绸、印染业中心,有不少成为战场和日本侵略军的重点摧毁目标。大量的桑园、蚕种场、缫丝厂、丝织印染厂直接毁于战火。在沦陷区,交通沿线的桑树和许多成片的桑林,被日本侵略军砍伐和焚烧殆尽,其余桑园也被严重破坏;对残存的蚕丝和织绸印染企业则进行强占劫夺,使我国的植桑、制种、养蚕、缫丝、织绸和印染业遭受空前浩劫。

蚕桑业方面,被毁桑园218万亩,损失桑树11.32亿株;受损的桑园面积达536万亩,损失桑树8.62亿株;完全和部分被毁的桑园面积合计754万亩,损失桑树19.94亿株。受害蚕农260万户,减少制种量460万张,损失土缫车4.5万部。以上全部损失共计,折合战前法币值3亿元。

机器缫丝业和丝织业方面，江浙地区，尤其上海、无锡两大缫丝业中心的缫丝厂和机器设备，绝大部分毁于日本侵华时的炮火中。上海丝厂多集中闸北一带，在日寇攻占上海时，几乎全部被日本侵略者焚毁，49家丝厂中，被烧毁的有42家，残存者仅7家，仅占14%。无锡41家丝厂中，被烧毁的有27家，幸存的仅14家；浙江的22家丝厂中，也有3家被烧毁。江浙地区114家丝厂中，被烧毁的有74家，占64.9%，幸存者仅40家，占35.1%。据对江浙93厂、26310釜的统计，完全被毁的达54厂、15266釜，分别占总数的58.1%和58.0%。

丝织厂和机器设备遭受的毁坏程度也十分惨重。1937年"八一三"淞沪抗战爆发后，日本侵略军狂轰滥炸，上海杨树浦、闸北、虹口一带许多丝织厂，都被日本侵略军炮火轰毁，或被劫掠一空。南京绸缎业，在日本侵略军惨无人道的南京大屠杀中，丝织业缎号主、机户、织工大多惨遭杀害，纺织设备多被焚毁、破坏，整个绸缎行业濒于绝灭境地。另一丝织中心苏州，1937年11月沦陷后，城内、郊区都遭到日本侵略军劫掠，电厂破坏，丝织业陷于瘫痪，连续停工达9个月之久。丝织中心盛泽镇，虽然镇上绸厂、绸庄未直接遭到日本侵略军炮火轰击，但作为盛泽丝织业重要组成部分的王江泾镇和泰石乡，惨遭日本侵略军疯狂烧杀，丝织业损失惨重，盛泽丝绸营业因此一落千丈。丝织中心杭州沦陷后，不仅丝织厂被毁，电厂被破坏，各丝织厂电力机全部停顿，而且各绸厂抵押于银行的 200 万元的绸缎,被日本侵略军抢劫一空。据统计,太湖沿岸的苏州、盛泽、杭州、湖州 4 个丝织中心,"七七"事变前,各绸厂共有电织机 6040 台,手织机 6013 台,合计 12053 台,后被烧毁、破坏或倒闭,只剩电织机 2723 台,手织机 2593 台,分别减少了 55% 和 57%。

为绸缎进行整理加工的印染业,也都遭到蚕桑丝织业同样悲惨的命运。绸缎印染业主要集中在上海,"八一三"淞沪抗战后,上海 80% 的绸布印染业遭受破坏,其中规模较大的中国、辛丰两家印花厂,完全毁于炮火。

日本侵略者继炸、轰、烧、杀、砍、掠之后,紧接着在其占领区,又以蚕丝"统制"的名义,对我国的蚕桑和丝绸资源进行野蛮掠夺和进一步的破坏。

1938 年,日本侵略者相继成立了"中支蚕业组合"和"华中蚕丝株式会社",垄断江浙和华中地区的蚕丝业经营。"华中蚕丝株式会社"拥有制种业、茧行业、缫丝业的独占企业权。规定江浙和华中地区的全部蚕种都由该会社提供;所有蚕茧由该会社按"政府"规定价格一手收购;各地机器缫丝业由该会社统制经营;所缫生丝由该会社统一贩卖。该会社对我国蚕农故意配给日本淘汰的劣种,造成蚕种和生丝品质的退化;只准丝厂缫制 20/22 以上的粗条份生丝,不让华丝提高质量。所有这些,都包藏着最终消灭中国生丝的国外市场,完全由日本生丝取而代之的祸心。日本侵略者为了直接支援战争,还利用我国蚕茧,进行衣着短纤维的试验开发,以弥补1941年太平洋战争爆发后出现的棉、毛纤维短缺,最后甚至将一些丝厂机器设备拆毁,作为"废铁"强行征用,拿去制造屠杀中国人民的武器。

在华南蚕桑区,日本侵略者于1938年10月占领广州后,在珠江三角洲地区全部丝厂停工的情况下,一方面用等同废纸的"军票"强行收购各厂存丝;另一方面强迫各丝厂限期复工,否则将丝厂焚毁。结果,各丝厂只得如期开工,将产品交给日本侵略者。

日本侵略者在其占领区推行的蚕丝"统制"政策,对我国蚕桑丝织业又是一次浩劫。其结果是生产设备再次遭到破坏,生产能力和产量大幅度下降。1940年时,"华中蚕丝株式会社"缫丝开工釜数,江浙两省(不计上海)只相当于战前的24%。此后更因原料不足,开工率和产量进一步下降。广东1943年的生丝产量只有战前的20%,山东1939年的柞蚕茧产量更只有1934年的16%。

丝织业也遭受严重破坏和全面萎缩。缎织业中心南京,到日本投降前夕,断断续续开工的织机仅数十台。苏州1937年前有电力机2100台,飞梭机和旧式木机1900台,到日本投降前夕,断断续续开工的分别只有670台和700台。上海的丝织业,由于租界的特殊条件,丝绸生产一度有所恢复和发展,太平洋战争爆发后,日本侵略军进驻租界,丝织品外销断绝,国内市场则因"统制"而呆滞,电力供应也日益减少,丝织生产顿形萎缩。江浙两省总计,1942年的22266

台丝织机中,开工的只有7891台,占总数的35.4%。

日本侵华战争期间,我国蚕桑丝织业遭此浩劫,桑林柞林资源、工厂机器设备、丝织技术力量都受到毁灭性破坏,元气伤尽,给战后的恢复工作带来了极大的困难。在这种情况下,没有长期和平环境的休养生息和政府有力的扶持政策,是无法实现蚕桑丝织业的全面恢复和再度繁荣的。然而,抗日战争胜利后,蒋介石国民党竟然不顾中国共产党和全国人民的强烈反对,悍然发动大规模内战,将人民再次推入战争的火海;同时通过接收敌伪财产,将蚕桑丝织业完全操纵在四大家族官僚资本手中,蚕农得不到休养生息,蚕桑丝织业得不到恢复和正常发展;加上战后国外尼龙等人造丝的生产蓬勃发展,丝织品原料消费结构发生变化,国际生丝和真丝产品市场萎缩,生丝和真丝产品出口大幅度下降。结果,蚕桑丝织业在抗日战争胜利后,不但没有复苏,反而每况愈下,日益衰退。

抗日战争后期,国民党政府于1944年7月成立"苏浙皖蚕业复兴委员会",隶属第三战区长官司令部。日本投降,该会即随军东下,接收敌伪蚕丝产业。1946年元旦,在接收"中华蚕业公司"等敌伪蚕丝产业的基础上,成立了四大家族官僚资本的蚕丝垄断机构"中国蚕丝公司"。该公司标榜"以政治及经济力量,辅导桑苗、养蚕、制种、缫丝等民营事业"为宗旨,实际上,所谓运用政治经济力量,就是通过行政手段,高价强卖劣质蚕种,贱价收购蚕茧,以茧易丝,委托代缫,把持丝业贷款,对从桑苗生产直至丝绸销售的各个环节进行操纵，垄断整个蚕丝生产，从中渔利。该公司通过把持贷款，营私舞弊，并进行转贷剥削；通过贷款收茧、贷款收丝等手段，控制茧价、丝价，掠取茧行、丝厂的正常利润，使它们无法正常生产和营业。浙江蚕业建设促进会和浙江省茧业联合会，曾联名控告中国蚕丝公司，历数它的"十大罪状"，揭露该公司"假奖励生产、辅导民营为名"，行"摧残蚕桑，榨取蚕农，与民争利"之实。如果不将该公司"迅予撤销，非特丝业破产，整个农村经济亦陷入空前绝境"。

事实上，广大蚕农和整个农村经济已经陷入绝境。国民党官僚资本的压价收购和恣意盘剥，最后的受害者还是广大蚕农。具体表现为鲜茧价格的持续下降。1947～1948年，浙江1担改良茧只能换2～3石大米，土种茧更少，只能换1石多大米。当时每亩桑园平均产茧22.2斤，这就是说，要用2～5亩桑园的蚕茧才能换回1石大米。植桑养蚕的经济收益远在水稻生产之下。这就必然加剧广大蚕农的破产和蚕桑业的衰落。

世界市场丝类产品消费结构的变化，也是影响我国战后蚕桑生产恢复的不利因素。20世纪40年代初，欧美各国的人造丝生产加速发展，生丝的市场需求急剧缩减。最大的生丝消费市场美国，第二次世界大战后的生丝消费量不到战前的1/10，而人造丝的消费量增加了两倍多。意大利、法国、瑞士等国的生丝消费也都急剧下降。世界市场的全部生丝消费不到战前的

1/4。1941年后，尼龙织物崭露头角，到1948年，美国的尼龙织物已相当真丝织物的70%，成为真丝织物新的替代品。

第二次世界大战后世界生丝和丝织品市场的萎缩，导致我国生丝和丝织品出口大幅度衰减，1948年同1936年比较，分别下降了90.4%和89.9%。而且主要是销往亚非市场，输出的产品和市场档次明显下降。

在国内官僚资本操纵垄断，国外生丝和丝织品市场不断萎缩的双重压迫下，蚕桑丝织生产全面衰退。1946～1948年三年平均数同1936年比较，桑园面积从796万亩减至445万亩，减少了44.1%；改良种制种量从570万张减至226万张，减少了60.4%；鲜茧和生丝产量，分别从158.5万公担和11.7万公担，减至49.9万公担和4.0万公担，分别减少了68.5%和65.8%。1949年，蚕茧产量更减少到31万公担，缫制生丝2.7公担，只分别相当1936年的19.6%和23.1%。

桑园、制种和蚕茧、生丝不仅数量剧减，而且质量下降。桑园的桑株零落，且多老废，植苗更新则尚未成材；制种场大多设备简陋，缺乏自备桑园，蚕种优劣不一，有的甚至属于退化品种，导致一些地区蚕病流行，蚕茧质量也因此下降；生丝则土丝比重提高，厂丝比重下降。由于茧价过低，蚕农不愿卖茧，宁愿自缫土丝，丝厂则因蚕茧缺乏或经营亏折，多处于半停产状态。同时，厂丝本身的质量也在下降。

柞蚕丝生产的命运更惨。抗日战争时期，出产柞蚕的一些主要地区几乎全部沦陷，东北沦陷时间更长，柞林衰老，蚕场荒废，柞蚕茧产量大幅度减少。抗日战争胜利后，国民党政府根本不过问柞蚕茧的生产，柞蚕缫丝厂都未复业，1948年仅有各地蚕农手缫柞丝约2200公担，1949年更仅有1280公担，还不到抗日战争前产量的1/20。

抗日战争后的丝织业则一直处于投机和动荡不定的环境中。抗日战争胜利时，丝织业的生产厂家和经销商，对丝织品的销货前景抱着极大幻想，市场反复刮起抛售和囤积风。先是争相抛售囤货，导致绸价猛跌，使绸厂和机户蒙受巨大损失，一些绸厂因资金短缺，不得不仰赖黑市高息贷款以维持生产，结果负债累累。1947年，市场上又刮起绸缎投机囤积之风，上海等地的丝织业又被卷入投机经营的漩涡。1948年后，江南地区的丝织品产销愈加混乱，市场销售为少数投机囤积商所操纵，有些绸厂甚至停止生产，专事市场投机买卖。当时上海虽有近400家绸厂，但开工的不多。1949年情况进一步恶化，即使断续开工的绸厂也不足20%，织机不足30%。80%以上的工厂和70%以上的织机完全关闭。浙江湖州等地的情况也大致相似。到新中国成立前夕，丝织生产已完全陷入瘫痪状态。

6 丝绸产品和丝绸贸易

近代的生丝产品主要分为桑蚕丝和柞蚕丝两大类，桑蚕丝又称家蚕丝，柞蚕丝又称野蚕丝。20世纪20年代,生丝产量最高时,桑蚕丝约25万余担,柞蚕丝10余万担。

生丝按颜色和加工方法分为白丝、黄丝,白经丝(或称为摇丝)、黄经丝(或称黄摇丝或返丝),白厂丝、黄厂丝。白丝、黄丝是指蚕农以传统的手工方法缫成的土丝。白丝主要产于浙江、江苏、广东等地,浙江南浔和湖州地区的辑里丝,是白丝中的精品。海宁硖石镇出产的辑里丝则后来居上,上海市场称为"海宁丝"。嘉兴、平湖、新篁、海篁一带,生丝质量也不错,有绿、白两种,上海称为"绿嘉兴丝"、"白嘉兴丝"。江苏白丝以无锡为第一,溧阳、震泽次之。在上海有"无锡丝"、"溧阳丝"之称。虽然质地不如浙江丝,但色泽更好。广东白丝的质地比不上江浙,其品质好坏还因蚕造季节而异:一造色泽不好,但有韧性;二至四造色泽虽佳,但丝质软弱,弹性差,丝条松;五六造略带青色,丝质坚韧,在各造蚕丝中质地最好。

黄丝主要产于四川、湖北、山东等地,以四川产品最为著名。潼川所产叫"潼丝",是上等细丝,价格最贵;绵州产的叫"绵州丝",比潼丝稍粗;保宁产的叫"过盆丝",合川产的叫"大河坝丝",顺庆产的叫"南充丝"、"西充丝"。这些丝色泽比潼丝好,但丝条较粗,价格也较便宜。湖北黄丝中最著名的是沔阳丝和海溶丝。

白经丝、黄经丝是丝商收购后经过改缫、并改为洋装的土丝,故又有"洋装丝"之称。其质量和价格都与机器丝不相上下。白经丝多产于江浙，又分"大经"、"口经"两种。江苏震泽所产多为大经，浙江南浔所产多为口经。大经丝专销欧洲，口经丝多运往美国。黄经丝多产于四川、湖北、山东等地。四川丝商往往专门设厂从事土丝的再缫。

白厂丝、黄厂丝就是新式丝厂所缫的机器丝，也称"厂经"或机器丝。白厂丝主要产于江苏、广东，黄厂丝产于四川。上海厂丝品质最好，据专家评估，主要优点是：色泽好，纤维齐一，类节不多，富于强力，弹性极大。在欧美市场，上海厂丝的声价远在日本丝之上。四川厂丝次之。从总体上说，四川的缫丝技术不如上海。四川厂丝的优点是类节强力大，缺点是纤维不齐。广东厂丝居第三，其缺点是原料茧质量较差，丝绞极厚，重新摇丝困难，但是丝的强力大，适于织造绉类产品。

此外尚有灰丝、灰厂丝、屑丝、双宫丝等。灰丝、灰厂丝即野蚕丝（柞蚕丝），前者是手工缫制的土丝，后者是机器丝，主要产于山东、辽宁两地。屑丝分丝绵、乱丝头、脱衣丝绵、乱丝绵4种。屑丝在我国被用来缫制茧绸用丝，国外被用来缫制天鹅绒等织物的绒末。双宫丝是专门用"双宫茧"缫成的丝。双宫茧是两蚕共作一茧，又名"同功茧"，专门用双宫丝车缫制。双宫丝极粗，最粗的可达150~200条纹，被用来织造绢绸等物，价格比一般生丝便宜。

生丝贸易分为出口贸易和国内贸易两部分。据估计，近代的生丝销售，国外和国内各占一半。

生丝出口在近代对外贸易中一直占有十分重要的地位。在同治六年（1867年）以前，我国生丝出口没有全面的统计数字。1867年后，生丝出口数量，可以从海关统计得到反映。这一年出口的生丝数量为44990担，此后呈波浪式增长趋势。1894年为99445担，相当于1867年的2.2倍，1891、1892两年最高曾突破10万担。进入20世纪初叶，生丝出口仍呈增长趋势，但起伏不定。1929年达到189980担的高峰后，迅速衰落。1934年仅有54527担，只有1929年的28.7%。

在近代的一个时期内，虽然我国的生丝出口有明显增长，但速度远远低于日本，在世界生丝总产量中所占的比重逐年下降。据法国里昂丝市联合会1926年的统计，1875年时，世界生丝总产量为159000担，中国输出74183担，占世界总产量的46.7%。到1925年，世界产量为715810担，中国输出127982担，占17.9%。而同期间日本的出口由11810担增加到408719担，其比重由7.4%猛增到57.1%。1911年以前，我国生丝出口量一直占世界第一位。1911年，日本生丝出口超过我国，我国生丝出口量退居第二位。

我国出口的蚕丝种类，除各类生丝外，还有柞蚕丝和屑丝（乱丝、废丝）。柞蚕丝是我国特产，出口颇旺。20世纪初叶，每年出口达5万~10万担。1914年以前，以手缫丝（灰丝）为主，1915年后，开始以机器丝（灰厂丝）为主。手缫丝从1912年的2万余担减少到1926年后的千担以下，1932年仅37担。废丝的出口数量也相当可观。20世纪一二十年代，每年出口量一般在10万担以上，少数年份甚至超过生丝。

欧洲、美国和中东是我国生丝的主要国外市场。第一次世界大战前，出口的生丝大部分输往欧洲。1909~1912年5年输出平均，欧洲占50%，美国和中东分别占24%和26%。第一次世界大战后一个时期，因欧洲经济不景气，生丝消费逐渐减少，此后有所回升，但其市场逐渐为日本丝所夺，又呈减少趋向。而输往美国的生丝比重提高。1919~1922年4年平均，美国上升到39%，欧洲降至38%，中东为23%。柞蚕丝的出口，20世纪10年代初以法国为主，约占40%，其次为美国、意大利；到10年代末期，日本成为柞蚕丝主要消纳国。20年代后，输往日本的柞蚕丝占50%以上。

19世纪70、80年代后，尤其甲午战争后，蚕丝出口贸易完全为外国洋行所垄断。在上海和广东各有数十家专门从事蚕丝出口的外国洋行。其中大部分属于英国和法国，其余分别属于美国、意大利、瑞士、日本等国。这些丝业洋行还成立了自己的组织，在上海和广东分别有"上海洋商丝业公会"和"广东洋商丝业公会"，统一行动，操纵和垄断生丝市场。

在蚕丝出口贸易完全被外国洋行垄断的情况下，华商不仅不能将蚕丝直接输往国外，而且市场价格和产品规格、质量等方面，也完全听命于洋行。华商丝厂往往依赖洋行贷放资金，在交易时只有任凭洋行操纵。蚕丝的生产，因市场上向来无所谓标准丝，只是由洋行按照自己的经验和意愿，随时设定某种标准。

丝厂为使自己的产品"合格",不能不受洋行的"指导"。而且,丝厂对蚕丝市场的供求状况和价格变动趋势一无所知。这样,洋行就能够通过控制蚕丝检验权、垄断蚕丝出口权、操纵丝厂的资金融通权,强行压低蚕丝等级,降低蚕丝价格,牟取暴利。日本洋行在压价收丝的同时,还经常抢购蚕茧,运回国内,刺激茧价上涨。一方面使华商丝厂的成本加大,削弱中国蚕丝在国际市场的竞争力;另一方面,降低日本的蚕丝成本,增强日丝在国际市场的跌价倾销,挤垮华丝的能力,达到一箭双雕的目的。

为了打破洋行对中国蚕丝出口贸易的垄断,20世纪20年代前后,一些丝商开始组织公司,试图直接将生丝输往国外。最早成立的是华通公司,接着有杭州纬成、虎林等丝织公司相继在上海成立对外生丝贸易部。此后生丝出口公司渐次增加,又有通运、锦昌、安昌、勤易等三四家公司创立。生丝出口业务也逐渐开展起来。据统计,1930年6月至1931年5月底止,出口的79755包生丝中,由华商公司出口的占12.9%。但1932年后,由于"九一八"事变、世界经济危机和金价猛涨等原因,经营生丝出口的华商公司,除勤易、通运等少数几家外,几乎全部停闭。生丝出口直接运销的尝试宣告失败。事实证明,在半封建半殖民地的条件下,华商试图从洋行手中夺回生丝出口大权,无异于虎口夺食,是不可能实现的。

近代的丝织品贸易,也分为出口和国内贸易两部分,以国内贸易为主,出口只占小部分。

从事国内丝织品贸易的机构称为"绸庄"或"缎号"。各地绸庄数量多寡不等，咸丰、同治年间的江苏盛泽镇，有大绸庄 30 家，被称为"下县庄"的专销内地的小绸庄 50 余家。随着丝绸产销的扩大，一些地区的绸庄一度明显增加，如四川合川，咸丰、同治年间有绸庄 40 余家，光绪初年增加到 80 余家。

19 世纪末 20 世纪初，是绸缎生产和贸易最兴盛的时期。当时，一个地区的绸缎广销全国各地和国外市场，同时一个地区的绸庄、绸行，又经销全国各种名牌绸缎。1880 年前后，南京各种缎匹远销上海、广州、北京和江苏、湖南、湖北、河南、四川、贵州、云南等地。四川丝绸产地合川，绸庄销售的绸缎，不仅有本省成都、嘉定、川北地区和贵州产品，而且洋广苏杭名产，也一应俱全。洋广苏杭绸缎在重庆进货；至于成都、川北、嘉定、贵州各货，则有庄客到合川坐卖。各种绸缎货品，老牌的如苏杭贡缎，成都的线绉、巴缎，以及湖绉、宁绸，新牌的如蜀华缎、珍珠缎、锦霓缎、芙蓉缎、文明缎等，都十分畅销。

近代丝织品出口，虽然在全国丝织品产量中只占一小部分，但在土货出口和整个对外贸易中仍然占有相当重要的地位。

五口通商后，江浙和广东等地的丝织品都广销世界各地。江苏盛泽出产的绫、罗、绉、纱、纺等各类丝货，广销南洋、朝鲜、印度、泰国和欧美各国；南京出产的建绒、漳绒和漳缎，欧战前后，出口极其兴旺；广东出产的香云纱、拷绸，最受越南、泰国、印度和南洋各国消费者尤其华侨的喜爱,对这些地区的出口,一直畅旺不衰。

近代出口的丝织品种类,主要包括桑蚕丝织品(绸缎)、柞蚕丝织品(茧绸)和丝绣货三大类,以及丝带、丝线、丝类杂货等。20世纪初,每年出口的绸缎和茧绸各一万数千担,茧绸最多达2万余担。各类丝织品出口总价值达两三千万海关两。绸缎和茧绸多输往欧美,绸缎销售市场主要是各国华人居住地,但茧绸在欧美白人社会的用途很广,除充当西服衣料外,还普遍用于挂件、墙壁装饰品、门帘、窗帘、椅褥面、领结、领带等的制作,而且价格比较低廉,特别受欧美中产阶级的喜欢。至于丝带、丝线、丝类杂货等,则只销于南洋、朝鲜等地。

20世纪初叶,由于外国人造丝和机器丝织业的发展,一方面,我国丝织品在国外市场无法同日本、欧美各国机器产品竞争,而逐渐被排挤,出口量下降;另一方面,外国丝织品,尤其是人造丝织品、人造丝和棉、毛等的交织品,大量涌入中国市场。20年代,常年输入额近千万两左右。我国丝织品的出口和国内贸易都遭受沉重打击。日本侵华战争期间,丝织业惨遭毁灭性破坏,尤其是1941年太平洋战争爆发后,国际通道阻隔,我国丝织品的出口数量更是微乎其微。1942年的出口量只有1939年的10%。

抗日战争胜利后,由于尼龙织品的崛起,国际丝绸市场进一步萎缩,加上国民党政府采取低汇率政策,丝织品的出口,因结汇亏本,根本无法进行,除1947

年的丝织品出口有所回升外，其余各年均呈下降趋势。1948年的丝织品输出只有抗日战争前1936年的10%，而且绝大部分是销往亚非市场，销往欧美的花、素绸缎只占丝织品出口量的5.5%，加上茧绸，也只有14.6%。丝织品出口贸易已经奄奄一息。

　　1949年新中国成立后，我国的丝绸生产和贸易从此获得新生，走上了欣欣向荣的道路，丝绸出口数量和国内销售量都成倍增长。1980年的绸缎出口量相当于1950年的11倍，国内销售量则为100倍。近年来，我国出口的生丝约占世界生丝贸易总量的90%，绸缎约占50%。我国又恢复了"丝绸王国"的地位。

参考书目

1. 郭文韬等编著《中国农业科技发展史略》，中国科学技术出版社，1988。
2. 童书业编著《中国手工业商业发展史》，齐鲁书社，1981。
3. 陈维稷主编《中国纺织科学技术史（古代部分）》，科学出版社，1984。
4. 祝慈寿著《中国古代工业史》，学林出版社，1988。
5. 严中平主编《中国近代经济史（1840~1894）》，人民出版社，1989。
6. 朱新予主编《中国丝绸史（通论）》，纺织工业出版社，1992。
7. 吴淑生、田自秉著《中国染织史》，上海人民出版社，1986。
8. 张保丰著《中国丝绸史稿》，学林出版社，1989。
9. 周匡明著《蚕业史话》，上海科学技术出版社，1983。
10. 罗瑞林、刘柏茂著《中国丝绸史话》，纺织工业出版社，1983。

11. 徐新吾主编《中国近代缫丝工业史》，上海人民出版社，1992。
12. 徐新吾主编《近代江南丝织工业史》，上海人民出版社，1991。
13. 乐嗣炳著《中国蚕丝》，世界书局。1935。
14. 沈文纬著《中国蚕丝业与社会化经营》，生活书店，1937。

《中国史话》总目录

系列名	序号	书名	作者
物质文明系列（10种）	1	农业科技史话	李根蟠
	2	水利史话	郭松义
	3	蚕桑丝绸史话	刘克祥
	4	棉麻纺织史话	刘克祥
	5	火器史话	王育成
	6	造纸史话	张大伟　曹江红
	7	印刷史话	罗仲辉
	8	矿冶史话	唐际根
	9	医学史话	朱建平　黄　健
	10	计量史话	关增建
物化历史系列（28种）	11	长江史话	卫家雄　华林甫
	12	黄河史话	辛德勇
	13	运河史话	付崇兰
	14	长城史话	叶小燕
	15	城市史话	付崇兰
	16	七大古都史话	李遇春　陈良伟
	17	民居建筑史话	白云翔
	18	宫殿建筑史话	杨鸿勋
	19	故宫史话	姜舜源

系列名	序号	书名	作者	
物化历史系列（28种）	20	园林史话	杨鸿勋	
	21	圆明园史话	吴伯娅	
	22	石窟寺史话	常　青	
	23	古塔史话	刘祚臣	
	24	寺观史话	陈可畏	
	25	陵寝史话	刘庆柱	李毓芳
	26	敦煌史话	杨宝玉	
	27	孔庙史话	曲英杰	
	28	甲骨文史话	张利军	
	29	金文史话	杜　勇	周宝宏
	30	石器史话	李宗山	
	31	石刻史话	赵　超	
	32	古玉史话	卢兆荫	
	33	青铜器史话	曹淑琴	殷玮璋
	34	简牍史话	王子今	赵宠亮
	35	陶瓷史话	谢端琚	马文宽
	36	玻璃器史话	安家瑶	
	37	家具史话	李宗山	
	38	文房四宝史话	李雪梅	安久亮

系列名	序号	书　名	作　者
制度、名物与史事沿革系列（20种）	39	中国早期国家史话	王　和
	40	中华民族史话	陈琳国　陈　群
	41	官制史话	谢保成
	42	宰相史话	刘晖春
	43	监察史话	王　正
	44	科举史话	李尚英
	45	状元史话	宋元强
	46	学校史话	樊克政
	47	书院史话	樊克政
	48	赋役制度史话	徐东升
	49	军制史话	刘昭祥　王晓卫
	50	兵器史话	杨　毅　杨　泓
	51	名战史话	黄朴民
	52	屯田史话	张印栋
	53	商业史话	吴　慧
	54	货币史话	刘精诚　李祖德
	55	宫廷政治史话	任士英
	56	变法史话	王子今
	57	和亲史话	宋　超
	58	海疆开发史话	安　京

系列名	序号	书名	作者
交通与交流系列（13种）	59	丝绸之路史话	孟凡人
	60	海上丝路史话	杜 瑜
	61	漕运史话	江太新　苏金玉
	62	驿道史话	王子今
	63	旅行史话	黄石林
	64	航海史话	王 杰　李宝民　王 莉
	65	交通工具史话	郑若葵
	66	中西交流史话	张国刚
	67	满汉文化交流史话	定宜庄
	68	汉藏文化交流史话	刘 忠
	69	蒙藏文化交流史话	丁守璞　杨恩洪
	70	中日文化交流史话	冯佐哲
	71	中国阿拉伯文化交流史话	宋 岘
思想学术系列（21种）	72	文明起源史话	杜金鹏　焦天龙
	73	汉字史话	郭小武
	74	天文学史话	冯 时
	75	地理学史话	杜 瑜
	76	儒家史话	孙开泰
	77	法家史话	孙开泰
	78	兵家史话	王晓卫

系列名	序号	书名	作者
思想学术系列（21种）	79	玄学史话	张齐明
	80	道教史话	王 卡
	81	佛教史话	魏道儒
	82	中国基督教史话	王美秀
	83	民间信仰史话	侯 杰
	84	训诂学史话	周信炎
	85	帛书史话	陈松长
	86	四书五经史话	黄鸿春
	87	史学史话	谢保成
	88	哲学史话	谷 方
	89	方志史话	卫家雄
	90	考古学史话	朱乃诚
	91	物理学史话	王 冰
	92	地图史话	朱玲玲
文学艺术系列（8种）	93	书法史话	朱守道
	94	绘画史话	李福顺
	95	诗歌史话	陶文鹏
	96	散文史话	郑永晓
	97	音韵史话	张惠英
	98	戏曲史话	王卫民
	99	小说史话	周中明 吴家荣
	100	杂技史话	崔乐泉

系列名	序号	书名	作者
社会风俗系列（13种）	101	宗族史话	冯尔康　阎爱民
	102	家庭史话	张国刚
	103	婚姻史话	张　涛　项永琴
	104	礼俗史话	王贵民
	105	节俗史话	韩养民　郭兴文
	106	饮食史话	王仁湘
	107	饮茶史话	王仁湘　杨焕新
	108	饮酒史话	袁立泽
	109	服饰史话	赵连赏
	110	体育史话	崔乐泉
	111	养生史话	罗时铭
	112	收藏史话	李雪梅
	113	丧葬史话	张捷夫
近代政治史系列（28种）	114	鸦片战争史话	朱谐汉
	115	太平天国史话	张远鹏
	116	洋务运动史话	丁贤俊
	117	甲午战争史话	寇　伟
	118	戊戌维新运动史话	刘悦斌
	119	义和团史话	卞修跃
	120	辛亥革命史话	张海鹏　邓红洲

系列名	序号	书名	作者
近代政治史系列（28种）	121	五四运动史话	常丕军
	122	北洋政府史话	潘 荣 魏又行
	123	国民政府史话	郑则民
	124	十年内战史话	贾 维
	125	中华苏维埃史话	温 锐 刘 强
	126	西安事变史话	李义彬
	127	抗日战争史话	荣维木
	128	陕甘宁边区政府史话	刘东社 刘全娥
	129	解放战争史话	朱宗震 汪朝光
	130	革命根据地史话	马洪武 王明生
	131	中国人民解放军史话	荣维木
	132	宪政史话	徐辉琪 付建成
	133	工人运动史话	唐玉良 高爱娣
	134	农民运动史话	方之光 龚 云
	135	青年运动史话	郭贵儒
	136	妇女运动史话	刘 红 刘光永
	137	土地改革史话	董志凯 陈廷煊
	138	买办史话	潘君祥 顾柏荣
	139	四大家族史话	江绍贞
	140	汪伪政权史话	闻少华
	141	伪满洲国史话	齐福霖

系列名	序号	书名	作者	
近代经济生活系列（17种）	142	人口史话	姜 涛	
	143	禁烟史话	王宏斌	
	144	海关史话	陈霞飞	蔡渭洲
	145	铁路史话	龚 云	
	146	矿业史话	纪 辛	
	147	航运史话	张后铨	
	148	邮政史话	修晓波	
	149	金融史话	陈争平	
	150	通货膨胀史话	郑起东	
	151	外债史话	陈争平	
	152	商会史话	虞和平	
	153	农业改进史话	章 楷	
	154	民族工业发展史话	徐建生	
	155	灾荒史话	刘仰东	夏明方
	156	流民史话	池子华	
	157	秘密社会史话	刘才赋	
	158	旗人史话	刘小萌	
近代中外关系系列（13种）	159	西洋器物传入中国史话	隋元芬	
	160	中外不平等条约史话	李育民	
	161	开埠史话	杜 语	
	162	教案史话	夏春涛	
	163	中英关系史话	孙 庆	
	164	中法关系史话	葛夫平	

系列名	序号	书名	作者
近代中外关系系列（13种）	165	中德关系史话	杜继东
	166	中日关系史话	王建朗
	167	中美关系史话	陶文钊
	168	中俄关系史话	薛衔天
	169	中苏关系史话	黄纪莲
	170	华侨史话	陈 民　任贵祥
	171	华工史话	董丛林
近代精神文化系列（18种）	172	政治思想史话	朱志敏
	173	伦理道德史话	马 勇
	174	启蒙思潮史话	彭平一
	175	三民主义史话	贺 渊
	176	社会主义思潮史话	张 武　张艳国　喻承久
	177	无政府主义思潮史话	汤庭芬
	178	教育史话	朱从兵
	179	大学史话	金以林
	180	留学史话	刘志强　张学继
	181	法制史话	李 力
	182	报刊史话	李仲明
	183	出版史话	刘俐娜
	184	科学技术史话	姜 超

系列名	序号	书名	作者
近代精神文化系列（18种）	185	翻译史话	王晓丹
	186	美术史话	龚产兴
	187	音乐史话	梁茂春
	188	电影史话	孙立峰
	189	话剧史话	梁淑安
近代区域文化系列（11种）	190	北京史话	果鸿孝
	191	上海史话	马学强　宋钻友
	192	天津史话	罗澍伟
	193	广州史话	张磊　张苹
	194	武汉史话	皮明庥　郑自来
	195	重庆史话	隗瀛涛　沈松平
	196	新疆史话	王建民
	197	西藏史话	徐志民
	198	香港史话	刘蜀永
	199	澳门史话	邓开颂　陆晓敏　杨仁飞
	200	台湾史话	程朝云

《中国史话》主要编辑出版发行人

总 策 划　谢寿光　王　正
执行策划　杨　群　徐思彦　宋月华
　　　　　梁艳玲　刘晖春　张国春
统　　筹　黄　丹　宋淑洁
设计总监　孙元明
市场推广　蔡继辉　刘德顺　李丽丽
责任印制　郭　妍　岳　阳